JN450150

일반물리학실험

Physics Experiments

강릉원주대학교 물리학과

북스힐

목 차

실험 1. 길이 측정 ······ 1
실험 2. 소리굽쇠의 진동수 측정(멜드의 실험) ······ 7
실험 3. 등전위선 실험 ······ 13
실험 4. 역학적 에너지 보존 실험 ······ 21
실험 5. 단진자를 이용한 중력 가속도 측정 실험 ······ 27
실험 6. 1차원 탄성 충돌 실험(에어트랙) ······ 33
실험 7. 포물선 운동 실험 ······ 37
실험 8. 오실로스코프(파동중첩) ······ 43
실험 9. 옴의 법칙 실험 ······ 49
실험 10. 수면파 간섭 실험 ······ 57
실험 11. 기주공명을 이용한 음속측정 실험 ······ 63
실험 12. 2차원 탄성 충돌 실험(선운동량 보존) ······ 71
실험 13. 단진자를 이용한 에너지 보존 실험 ······ 77
실험 14. 역학수레를 이용한 중력가속도 측정 실험 ······ 83
실험 15. 단현의 진동수 측정 실험 ······ 89
실험 16. 액체의 밀도 측정 실험(Hare 장치) ······ 95
실험 17. 전기저항 측정 실험(Wheatston Bridge) ······ 101
실험 18. 선팽창 계수 측정 실험 ······ 109
실험 19. 구심력 측정 실험 ······ 115
실험 20. 자기력 측정(전류천칭) ······ 121
실험 22. 굴절의 법칙 실험 ······ 127
실험 23. 이중 슬릿에 의한 간섭 실험 ······ 131
부 록 ······ 137

실험 1

길 이 측 정

1. 실험목적

버니어 캘리퍼(vernier calliper)와 마이크로미터(micrometer)로 여러 가지 물체의 길이, 지름, 두께, 내경과 외경을 측정한다.

2. 실험원리

1) 버니어 캘리퍼(Vernier Calliper)

버니어 캘리퍼는 1631년에 Pierre Vernier가 발명한 것으로 그의 이름을 붙여서 불려졌다. 이 버니어 캘리퍼는 Main scale과 Vernier scale로 나누어져 있다. 일반적으로 쓰는 자보다 $\frac{1}{10}$ 또는 그 이상으로 정밀하게 측정할 수 있다. 버니어 캘리퍼의 Vernier scale은 Main scale의 19눈금을 20등분하여 눈금을 만들었기 때문에 Vernier scale의 눈금을 읽을 때에는 Main scale의 한 눈금과 Vernier scale의 n번째 눈금이 일치할 때, 그 n번째의 수치를 읽으면 된다.

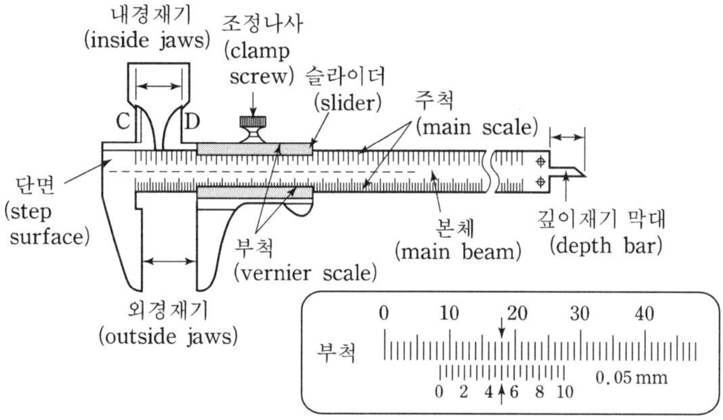

그림 1-1 버니어 캘리퍼의 명칭도 및 예제

예를 들면, 그림 1-1의 예제에서 Main scale이 8mm이고 Vernier scale이 0.50mm (0.05×10)이므로 이것을 합하면 8.50mm이라고 읽는다.

위의 버니어 캘리퍼보다 정밀하게 만들어 진 것으로, Main scale의 19눈금을 20등분한 것과 Main scale의 39눈금을 20등분한 것으로 0.05mm가지 측정할 수 있다. 그 외에 여러 종류의 버니어 캘리퍼가 있으며 원리는 동일하다. 버니어 캘리퍼의 용도는 외경재기(outside jaws)로 외경을, 내경재기(inside jaws)로 내경을 그리고, 깊이재기막대(depth bar)로 깊이를 측정할 수 있다.

2) 마이크로미터(Micrometer)

마이크로 미터는 그림 1-2와 같이 구성되어 있다. 여기서 Thimble부분에 Ratchet와 Spindle로 이루어져 있는데, 영점을 맞출 때 Ratchet을 돌려서 영점에 이르면 겉돌기 시작한다. 이는 물체를 측정할 때 영점을 맞출 때와 같이 일정한 힘을 가하도록 한 것이며, Spindle은 나사의 홈 간격이 정밀하게 파여져 있는데 이는 Thimble의 둘레에 기록된 눈금이 마이크로미터의 몸체에 기록된 눈금의 한 간격을 주기로 1회전하게 되어 있다. 즉 2회전할 때 1mm가 된다.

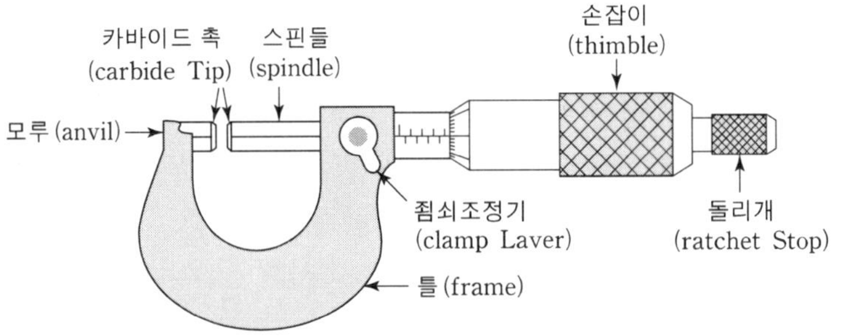

그림 1-2 마이크로 미터의 명칭

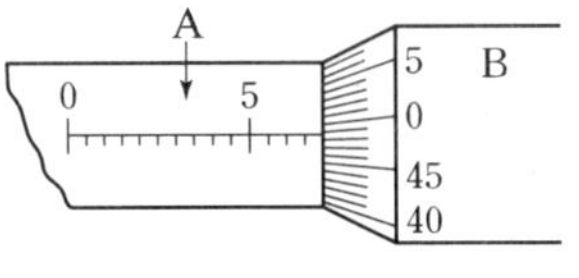

그림 1-3 마이크로미터 읽는 법

예를 들면, 그림 1-3에서 A부분은 6.5mm이고 B부분은 약 0.48mm이므로 이것을 읽으면 약 6.98mm이다.

마이크로미터의 정밀도는 Thimble의 둘레에 기록된 눈금이 50등분했느냐 아니면 100등분했느냐에 따라 달라진다.

3. 실험기구 및 장치

(1) 버니어 캘리퍼(Vernier Calliper)
(2) 마이크로미터(Micrometer)
(3) 측정용 시료
(4) 종이, 머리카락 등

4. 실험방법

1) 버니어 캘리퍼

(1) 측정용 시료의 내경과 외경, 깊이, 길이를 측정한다.
(2) 다른 물체들을 이용하여 측정을 반복한다.

■ 주 의

측정이 끝나면 반드시 고정 나사를 죄어 버니어 캘리퍼를 고정시킨다.

2) 마이크로미터

(1) Ratchet돌려 영점을 맞춘다. 만일 일치하지 않으면 걸쇠로 마이크로미터의 몸체를 돌려 영점을 맞춘다.
(2) 물체의 두께를 10회 측정하여 평균과 표준오차를 구한다.
(3) 다른 물체들을 두께를 10회 측정하여 평균을 구한다.
예) 종이, 머리카락, 책의 두께. 자의 두께 등등~

■ 주 의

측정이 끝나면 반드시 Clamp Lever를 잠근다.

*평균오차를 구하는 방법은 책의 뒤에 있는 부록을 참고한다.

결과 Report

제출일 : 년 월 일 ※ 반드시 기재

학 부	학부	학 번		담당교수명	
성 명		조		수강시간	요일 교시

❖ 실 험 결 과

1) 버니아 캘리퍼

물 체	내 경	외 경	깊 이	길 이

2) 마이크로 미터

횟 수	물 체(1) ______	물 체(2) ______	물 체(3) ______	물 체(4) ______
1 회				
2 회				
3 회				
평 균 값				

횟 수	물 체(5) ______	물 체(6) ______	물 체(7) ______	물 체(8) ______
1 회				
2 회				
3 회				
평 균 값				

❖ 토의사항 및 참고서적

실험 2

소리굽쇠의 진동수 측정(멜드의 실험)

1. 실험목적

소리굽쇠의 진동에 의한 현의 진동을 공명시켜 현에 정상파를 만들고 이 정상파로부터 소리굽쇠의 진동수를 측정한다.

2. 실험원리

양끝이 고정된 현을 진동시키면 현을 따라 진동수와 진폭이 같은 두 파동이 반대방향으로 진행하게 된다. 따라서, 현에는 이 두 파동의 합성파인 정상파가 생긴다. 길이가 L이고 선밀도가 ρ인 현을 장력 T로 잡아당겼을 때 현을 통하여 전달되는 횡파의 속력 V는

$$V=\sqrt{\frac{T}{\rho}} \tag{1}$$

이고, 정상파의 파장 λ와 현의 고유 진동수 f 사이에는 각각

$$\lambda=\frac{2L}{n} \qquad (n=1,\ 2,\ 3,\ \cdots) \tag{2}$$

$$f=\frac{v}{\lambda}=\frac{n}{2L}\sqrt{\frac{T}{\rho}} \tag{3}$$

의 관계가 있다. 여기서 n은 정상파의 배의 수와 같으며 $n=1$ 일때가 기본진동이고 $n=2,\ 3,\ 4,\ \cdots$ 일때가 2배, 3배 의 진동이 된다.

그림 2-1(a)와 같이 고유진동수 f 인 소리굽쇠 A에 실의 한쪽 끝을 매고, 다른 끝은 질량이 m 인 추를 달아 놓으면 현의 장력 $T=mg$ 가 된다. 소리굽쇠를 진동시켜 현이 최대 진폭으로 진동을 하면, 이 때 소리굽쇠의 고유진동수 f 와 현의 진동수 f_1은 같게 된다.

즉,

$$f = f_1 = \frac{1}{\lambda_1}\sqrt{\frac{T}{\rho}} = \frac{n}{2L}\sqrt{\frac{T}{\rho}} \tag{4}$$

이다.

그림 2-1(b)와 같이 소리굽쇠의 진동이 현에 평행한 경우에 소리굽쇠가 두 번 진동할 때 현은 1회 진동하므로 소리굽쇠와 현이 공명을 일으킬 때는 소리굽쇠의 고유진동수 f 와 현의 진동수 f_2 는

$$f = 2f_2 = \frac{2}{\lambda_2}\sqrt{\frac{T}{\rho}} = \frac{n}{L}\sqrt{\frac{T}{\rho}} \tag{5}$$

로 주어진다.

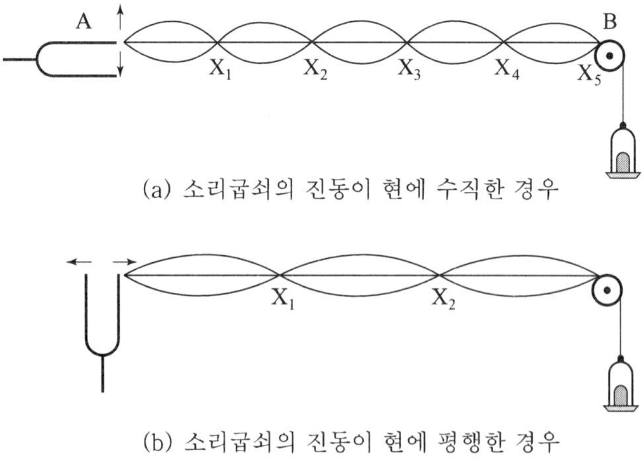

그림 2-1 소리굽쇠의 진동에 의해 현에 생긴 정상파

3. 실험기구 및 장치

(1) Melde's 장치

(2) 전원장치

(3) 실, 저울

(4) 추접시와 추세트

4. 실험방법

(1) 그림 2-1(a)와 소리굽쇠의 진동이 현에 수직하도록 하고 추를 놓는다.

(2) 전원장치의 전원을 10V에 맞추고, 소리 굽쇠를 진동시켜 현을 진동시킨다.

(3) 추를 변화시키거나, 도르래 B의 위치를 조절하여 현의 길이 L를 변화시키면서 소리굽쇠의 현이 공명을 일으켜 현의 진폭이 최대가 되도록 하고, 이 때의 추 및 추걸이 질량(m)과 현의 길이(L)을 측정하고, 정상파의 배의수(n)을 기록한다.

(4) 길이(L)에 해당하는 현과 똑같은 줄을 잘라 질량(M) 을 측정하고, $\rho = \frac{M}{L}$ 관계식을 이용하여 ρ를 계산한다.

(5) 과정 (3),(4)의 값을 식 (4)에 대입하여 소리굽쇠의 진동수($f = f_1$)를 구한다.

(6) 추의 질량을 과정 (3)의 값의 약 1.5배, 2배로 하여 과정 (1)-(5)를 반복한다.(추의 질량이 증가할수록 마디의 수는 줄어 들것이다. 주어진 질량 추 이 외에도 기타 추를 사용하여 실험하여도 좋다.)

(7) 그림 2-1(b) 와 같이 뒷부분 나사를 살짝 돌려서 방향을 바꾼후 조여주어 소리굽쇠의 진동이 현에 평행하도록 한다.

(8) 과정 (2)-(4) 및 (6)을 반복하여 식 (5)를 이용하여 소리굽쇠의 진동수($f = 2f_2$)를 구한다.

(9) 과정 (5)와 (8)에서 구한 값을 비교 검토한다.

소리굽쇠의 진동수 측정(멜드의 실험) 결과 Report

제출일 :　　　　년　　월　　일　　　　　　　　　　　　※ 반드시 기재

학 부	학부	학 번		담당교수명	
성 명		조		수강시간	요일　교시

❖ 실험결과

1) 소리굽쇠의 진동이 현에 수직한 경우

선밀도(ρ) : ______________g/m

	추걸이 및 추질량(m)	현의 길이 (L)	배의 수 (n)	현의 파장 (λ)	현의 질량 (M)	현에 수직한 소리굽쇠의 진동수
1 회						
2 회						
3 회						
4 회						
5 회						

2) 소리굽쇠의 진동이 현에 평행한 경우

선밀도(ρ) : ______________g/m

	추걸이 및 추질량(m)	현의 길이 (L)	배의 수 (n)	현의 파장 (λ)	현의 질량 (M)	현에 평행한 소리굽쇠의 진동수
1 회						
2 회						
3 회						
4 회						
5 회						

❖ 토의사항 및 참고서적

실험 3

등전위선 실험

1. 실험목적

등전위선을 찾아서 모선지에 기록하여, 전기장과 등전위선 그리고 전기력선의 관계를 알아본다.

2. 실험원리

전압이 다른 a, b가 있다면, a에서 b를 뺀 만큼 전위차가 발생한다. 두 전극 사이를 일정한 거리로 놓고, a극에 양(+)극을 b극에 음(−)극을 가한다. 그러면 두 전극은 전기장을 형성한다. 여기서, 시험전하 q을 전기장내에서 어느 한점에 놓으면 힘 $\vec{F}$는

$$\vec{F} = q\vec{E} \tag{1}$$

이고, 결국 전기장은

$$\vec{E} = \frac{\vec{F}}{q} \tag{2}$$

이다. 또한 그 점의 전위(전기적 위치에너지) $\vec{V}$는 위치에 따라 변화되므로 단위 전하당 위치에너지는

$$\vec{V} = \vec{E}l \tag{3}$$

이다.

평면에서 그림 3-1과 같이 전기장내에는 전위가 같은 점의 위치가 무수히 많은데 이를 연결하면 등전위선을 이룬다. 그리고 전기력선은 등전위선과 직각을 이루며 양극에서 음극으로 연결되어진다. 이 또한 전기장내에서 무수히 많이 그릴 수 있다.

시험전하 q를 높은 전압에서 낮은 전압으로 이동해 가는데 이는 전기력선이 전위가

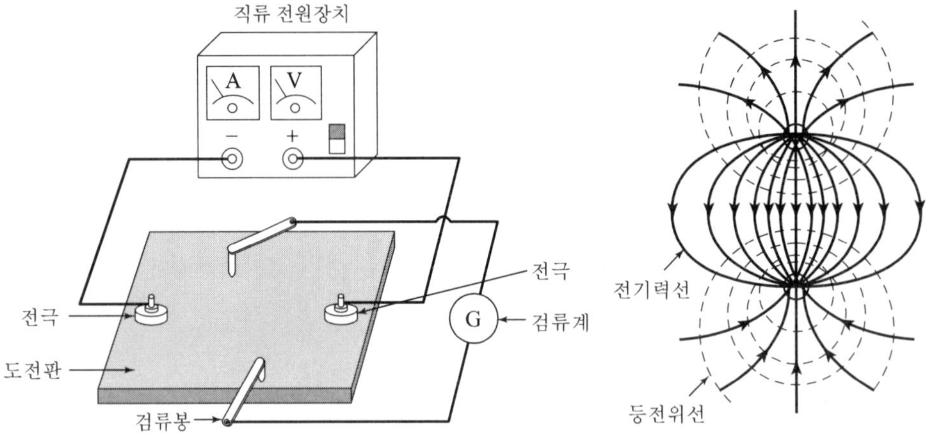

그림 3-1 등전위선 실험 장치

높은 곳에서 낮은 곳으로 향하기 때문이다. 전위가 같은 등전위선에서는 전하를 이동시키는데 하는 일은 0이고, 그 선에 접할 경우 전기장의 값이 없다. 전기장의 세기는 그 등전위선에 수직이며 감소하는 방향이다. 따라서 전위 $\vec{V}$는 두 전극 사이의 간격이 좁을수록 낮아지므로 식 (3)은

$$\vec{V} = -\int \vec{E} \cdot d\vec{l} \tag{4}$$

이다. 여기서, $d\vec{l}$은 전기장 $\vec{E}$의 방향의 미소 변위이다. 그리고 전기장 $\vec{E}$은

$$\vec{E} = -\frac{d\vec{V}}{d\vec{l}}\vec{n} \tag{5}$$

이다. 여기서 $\vec{n}$은 등전위선에 수직인 단위벡터이다. 식 (2)와 비교할 때 전기력선과 등전위선은 수직이다.

3. 실험기구 및 장치

(1) 전원장치

(2) 다르게 생긴 전극 단자 (3세트)

(3) ㄷ자 형태의 고정된 검류봉, 펜 모양 이동형 검류봉

(4) 검류계

(5) 모선지와 동일한 간격으로 바닥에 선이 그려진 직육면체 물통

(6) 모선지

(7) 물

4. 실험방법

(1) 그림 3-1과 같이 바닥에 모선지가 그려진 네모난 물통에 물을 모선지가 가득차게 채우고 수평을 맞춘다.

(2) ㄷ자형 고정형 검류봉을 검류계에 연결한다.(COM에 연결한다) 다른 단자를이동 가능한 펜 모양의 이동검류봉에 연결한다.

참고 검류계의 단자 (25μA, 50μA, 500μA등 임의로 결정하여 측정 가능하도록 전원장치의 전압을 조절한다.

(3) 두 전극단자에 직렬 전원을 극성에 관계없이 연결한다.(극성은 자기가 임의로 결정한다.)

(4) 물통위에서 두 검류봉중 고정된 검류봉을 임의의 점에 고정시킨 후 이동가능한 검류봉을 이동하여 검류계가 0을 가리키는 지점을 찾아 모선지에 표시를 한다. (참고: 검류계가 0을 가리키는 점은 무수히 많다. 점을 많이 찾을수록 더욱 정확한 등전위선을 얻을 수 있다.)

(5) 고정된 검류봉을 다른 임의의 점으로 옮겨서 과정(4)와 같이 반복한다. 이와 같은 방법으로 5회 반복한다.

(6) 다르게 생긴 전극단자를 바꾸어서 과정 (4)를 반복한다.(마지막 실험은 서로 다른 모양의 전극을 사용할것)

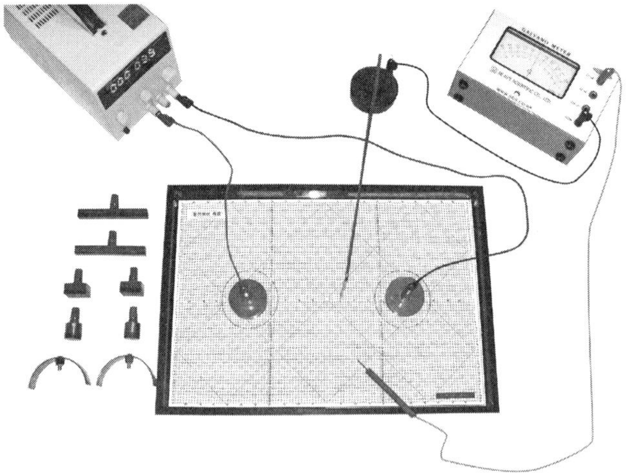

그림 3-2 등전위선 실험 장치

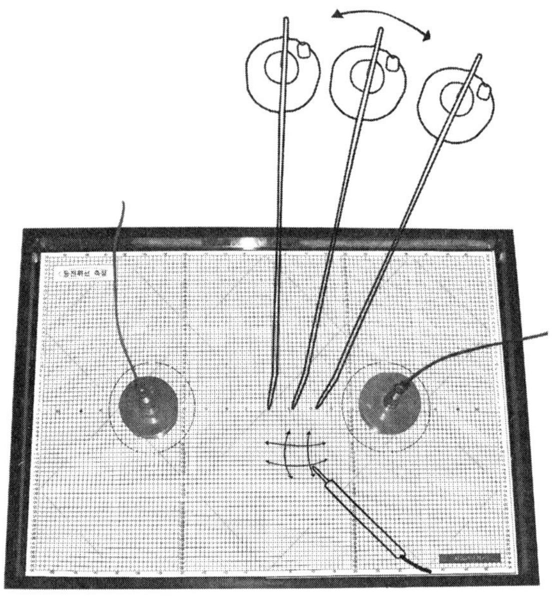

그림 3-3 등전위선 측정 주의사항

제출일 : 년 월 일 ※ 반드시 기재

학 부	학부	학 번		담당교수명	
성 명		조		수강시간	요일 교시

❖ 실험결과

※ 그래프 참조

❖ 토의사항 및 참고서적

같은 모양의 전극사용

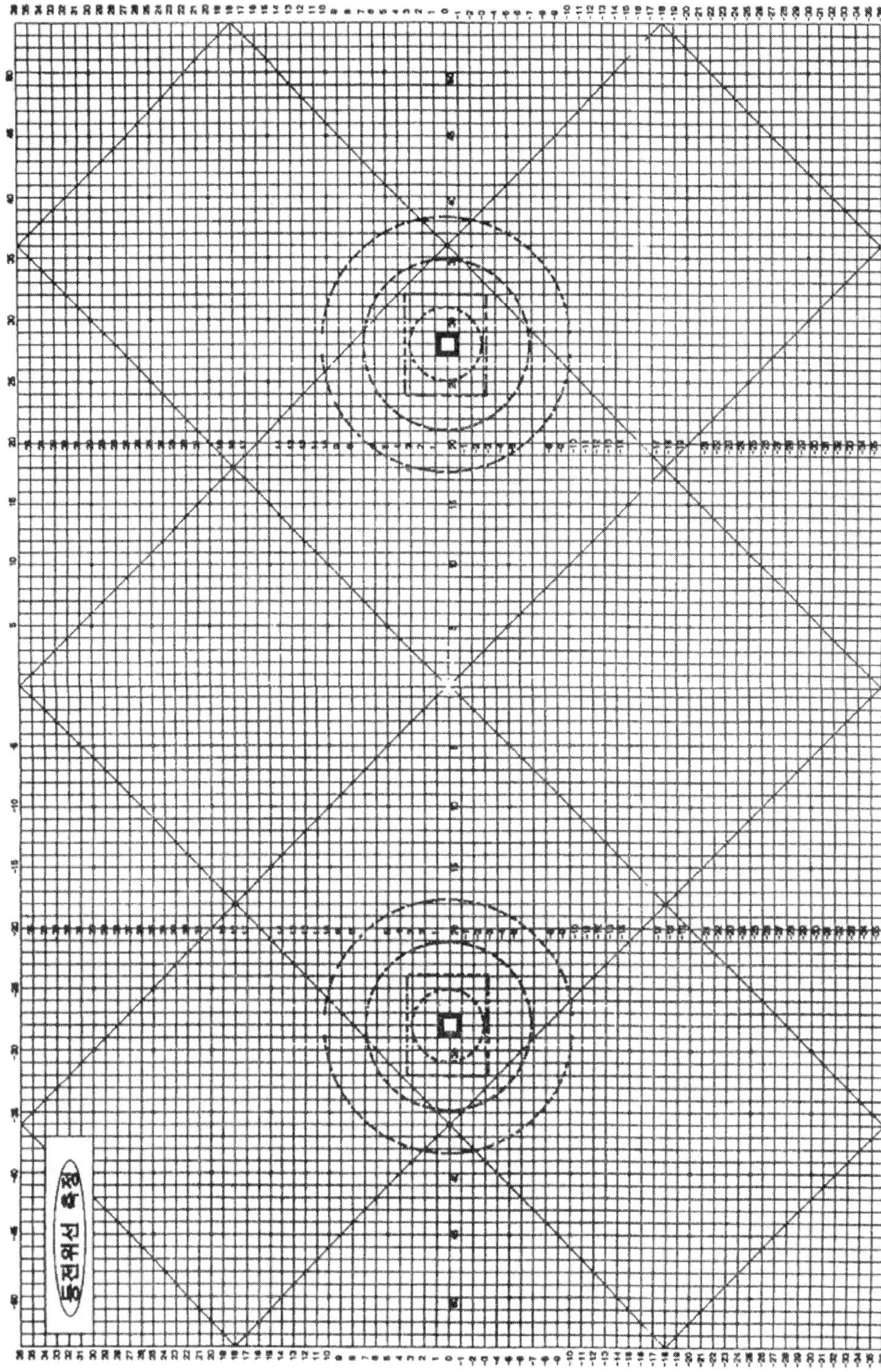

다른 모양의 전극사용

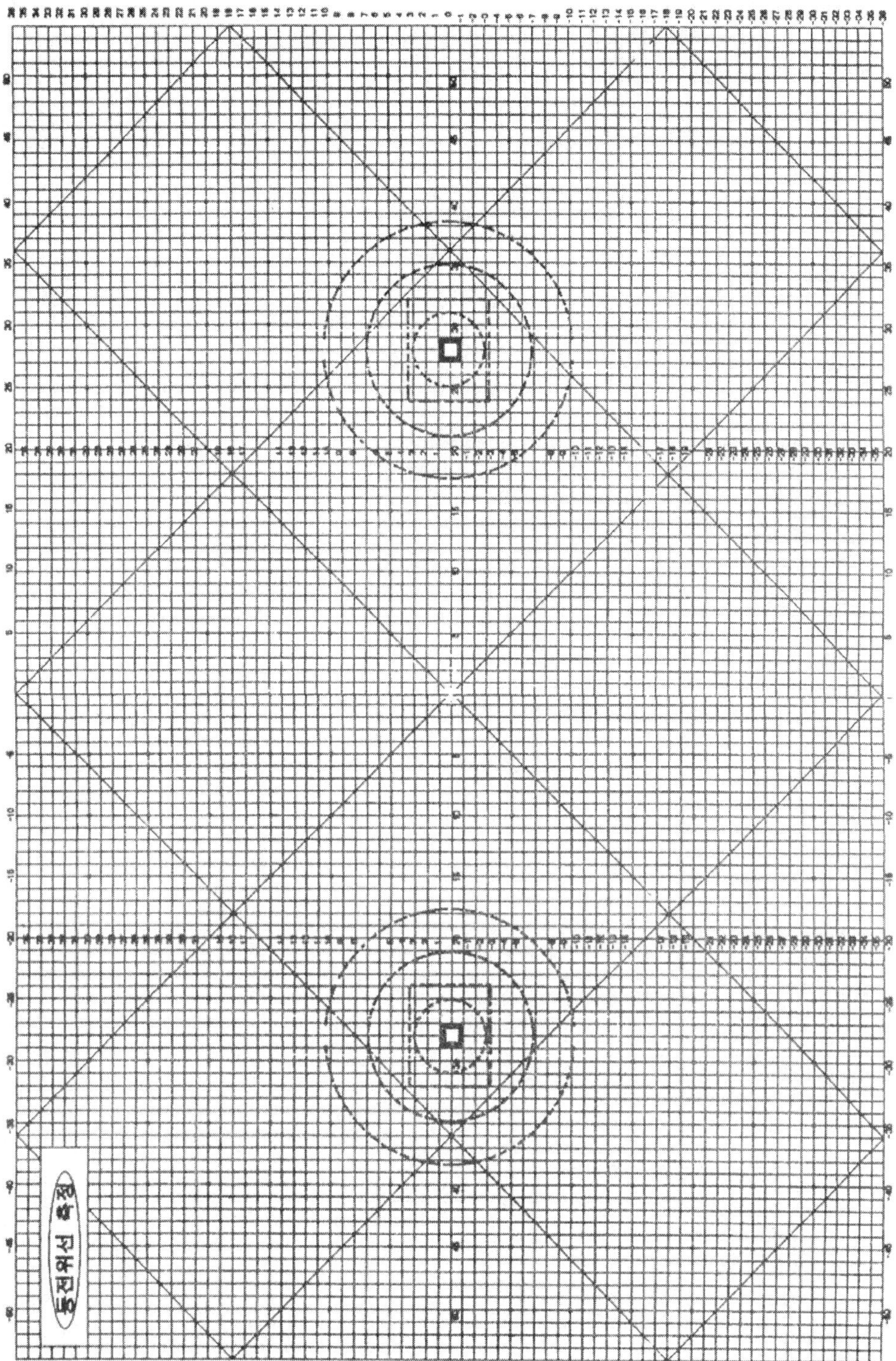

다른 모양의 전극사용

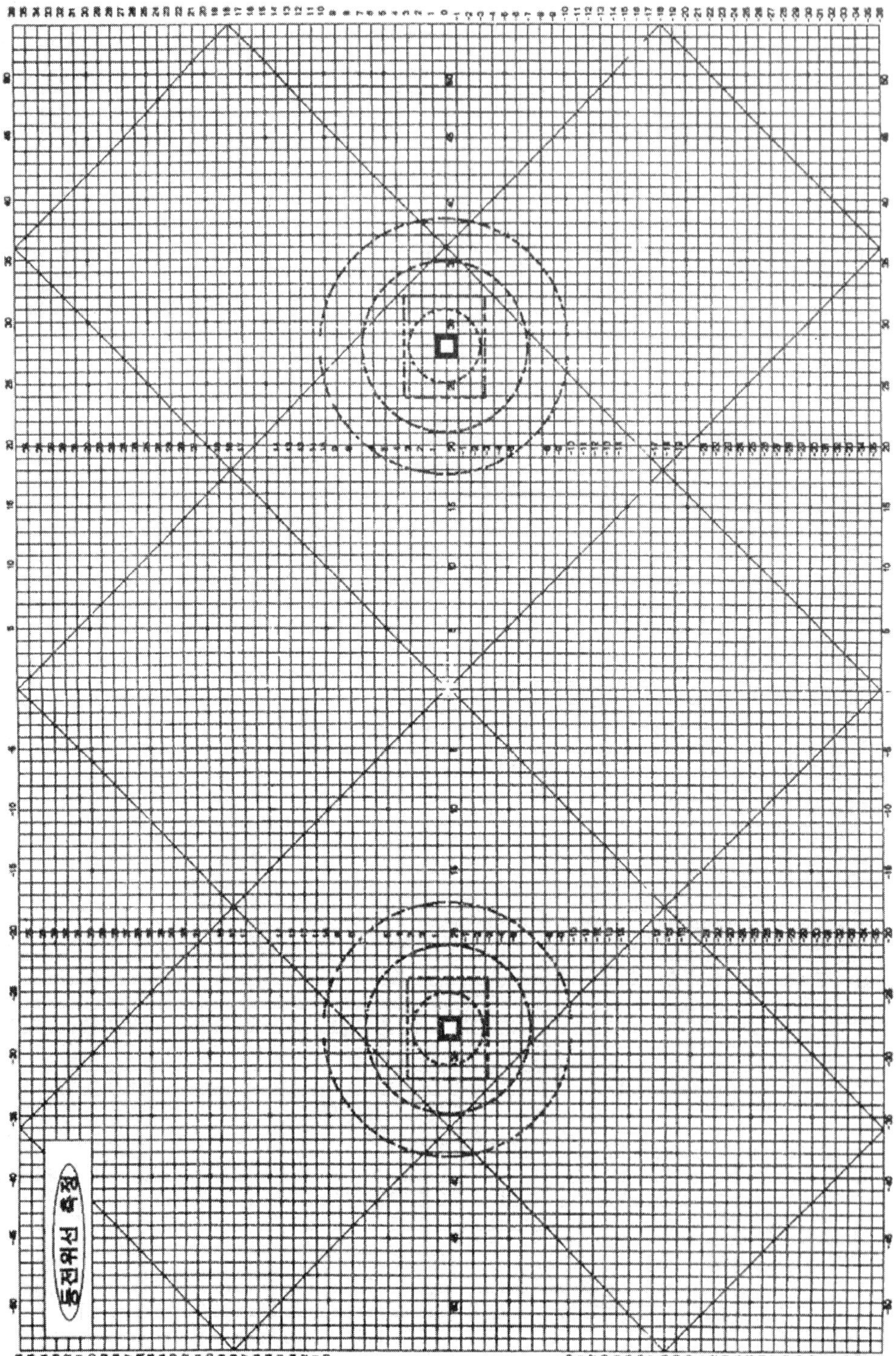

실험 4

역학적 에너지 보존 실험

1. 실험목적

구가 기울어진 트랙과 원형트랙을 따라서 굴러가는 과정에서 회전운동 및 비탈운동 에너지를 포함하는 역학적 에너지의 보존을 확인한다.

2. 실험원리

구슬이 원형트랙 위에서 그림 4-1과 같이 운동을 한다면 비탈진 경사 운동에너지 및 회전운동 그리고 포물선 운동을 하게 된다. 회전운동에서 트랙에 의한 구심력도 작용한다. B점에서는 경사트랙을 따라 구슬이 굴러 내려와서 원형트랙에서 회전운동 하므로, 역학적 에너지 보존법칙은

$$mgH = \frac{1}{2}mv_B^2 + \frac{1}{2}I\omega_B^2 \tag{1}$$

이다. 여기서 v_B는 B점에서 구슬의 선속도이고 ω_B는 각속도이다.

그리고 관성모멘트 I는 $\frac{2mr^2}{5}$이다. 식 (1)을 구의 선속도 v_B로 정리하면

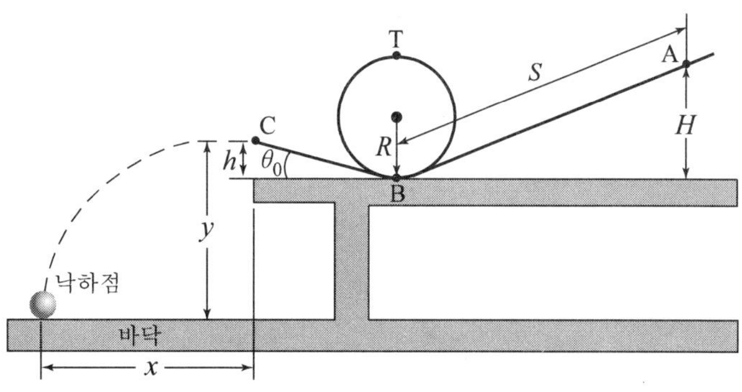

그림 4-1 구의 트랙과 구슬의 운동경로

$$v_B = \sqrt{\frac{10}{7} gH} \tag{2}$$

이다.

만일 원형트랙의 꼭지점 T를 겨우 통과하는 경우에는, T점에서의 총 역학적 에너지는

$$E_T = \frac{1}{2} m v_T^2 + \frac{1}{2} I \omega_T^2 + 2mgR \tag{3}$$

이다. 여기서 v_t는 T점에서 구슬의 선속도이고 ω_T는 각속도로서 $v_T = \omega_T R$ 이며, R은 원형트랙의 반경이다. 구슬이 T점에 힘겨운 통과할 경우 구심력과 중력은 같다. 그러므로

$$\frac{m v_t^2}{R} = mg \tag{4}$$

이다. 이 식 (4)을 식 (3)에 대입하여 정리하면

$$E_T = \frac{27}{10} mgR \tag{5}$$

이다. A점에서의 위치에너지와 T점에서의 에너지는 역학적 에너지가 보존되므로

$$mgH = \frac{27}{10} mgR \tag{6}$$

이다. 그리고 양변의 같은 값을 서로 없애면

$$H = \frac{27}{10} R \tag{7}$$

이 된다. 식 (7)을 식 (2)에 대입하면

$$v_B = \sqrt{\frac{27}{7} gR} \tag{8}$$

이 된다. B점의 속도 v_B와 C점에서의 역학적 에너지는 A점와 B점에서의 역학적 에너지는 보존하므로 속력 v_c는

$$\frac{1}{2}mv_B^2+\frac{1}{2}I\omega_b^2=\frac{1}{2}mv_c^2+\frac{1}{2}I\omega_c^2+mgh \tag{9}$$

이다. 여기서 ω_c는 점 C에서 구슬의 각속도이며, h는 트랙의 점 B에서 점 C까지의 경사면의 높이이다. 식 (9)을 속도 v_B와 v_c의 관계로 정리하면

$$v_B=\sqrt{v_c^2+\frac{10}{7}gh} \tag{10}$$

이다.

점 C에서 바닥까지는 포물선 운동을 하므로 포물선의 식은

$$y=x\cdot\tan\theta_0-\left(\frac{g}{2v_c^2\cos^2\theta_0}\right)x^2 \tag{11}$$

이다. 여기서 H'는 바닥에서 수직으로 점 C까지 높이이고 θ_0는 초기 각도이며, S'는 구슬이 날아간 사정거리이다. 식 (11)을 구슬이 바닥에 닿을 때의 속도 v_c은

$$v_c^2=\frac{gx^2}{2(-y+x\cdot\tan\theta_0)\cos^2\theta_0} \tag{12}$$

이다.

3. 실험기구 및 장치

(1) 원형 트랙

(2) 구슬

(3) 자

(4) 갱지와 먹지

(5) 수직기

(6) 각도기

4. 실험방법

(1) 원형트랙을 그림 4-1과 같이 구성한다.

(2) 각도기와 수직기를 이용하여 $\theta=0^{\circ}$ 이 되도록 장치를 조절하고 H를 결정한다. (아래 참조)

(3) 원형트랙의 반지름 R, 점C와 바닥 사이의 거리 y, 점C와 점 B 사이의 h를 측정한다.

(4) 쇠구슬이 낙하하는 지점에 모조 전지와 먹지를 깔고 (2)에서 결정한 높이 H를 지점에서 10회 쇠구슬을 굴려 낙하 지점 x를 측정한다. (전지위에 먹지를 깔아야한다.)

(5) 각 θ_0를 변화시켜 (2)~(4)를 반복 실험한다.

(6) $v_B(H)$, $v_B(R)$, $v_B(h)$를 각각 계산하여 비교 토의한다.

높이 H 결정하기

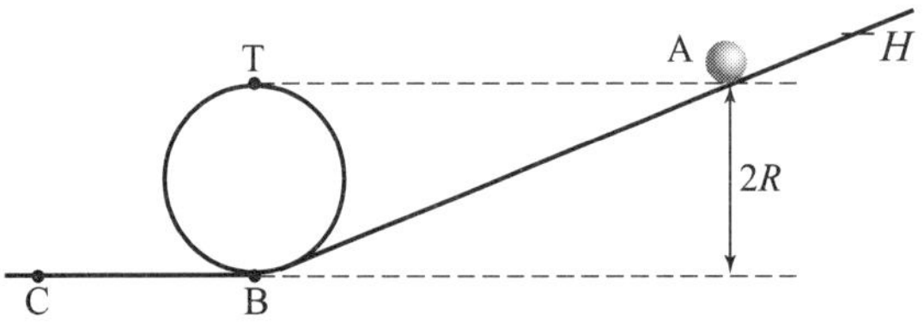

A 지점의 쇠구슬의 역학 에너지가 보존계 내에서 운동한다면 T 지점까지 다른 힘 없이 올라갈 수 있다.

그러나 실험실과 같은 물리계 내에서 쇠구슬의 운동을 관찰하면 트랙과의 마찰과 같은 비보존력에 의해 역학 에너지는 손실되어 T 지점에 도달하지 못하고 트랙에서 떨어지게 된다.

실험실에서는 이 점을 고려하여 쇠구슬이 T 지점에 도달할 수 있을 만큼 A 지점보다 높은 곳에서 쇠구슬의 초기위치 H를 결정해 주어야한다. 구간 B-C 사이는 비교벅 편탄하므로 이 구간에서의 에너지 손실은 무시하면 속도 v_B와 낙하 위치에서 구한 v_C는 일치할 것이다.

제출일 : 년 월 일 ※ 반드시 기재

학 부	학부	학 번		담당교수명	
성 명		조		수강시간	요일 교시

❖ 실험결과

실험 1) $\theta=0$ 인 경우 → $h=0$

R :

H :

y :

횟수	x	$v_C^2(x)$ (12식)	$v_B(H)$ (2식)	$v_B(R)$ (8식)	$v_B(h)$ (10식)
1회					
2회					
3회					
4회					
5회					
6회					
7회					
8회					
9회					
10회					
평균값					

실험 2) θ를 변환시킬 경우

θ_0	H	h	x	y	$v_C^2(x)$ (12식)	$v_B(H)$ (2식)	$v_B(R)$ (8식)	$v_B(h)$ (10식)

❖ 토의사항 및 참고서적

실험 5

단진자를 이용한 중력가속도 측정 실험

1. 실험목적

단진자의 주기와 진자의 길이를 이용하여 중력가속도를 측정한다.

2. 실험원리

그림 5-1과 같이 끈에 달려있는 추가 질량 m인 추가 추 중심에서 진자 끝까지의 거리가 l(끈의 질량은 매우 작으므로 무시한다.)이 되고, 이를 주기운동을 하게 하면 추 m이 되돌아가려는 힘 F는

$$F = -mg\sin\theta \tag{1}$$

이다.

여기에 진폭을 작게 하면 $\sin\theta \simeq \theta$ ($\theta \leq 5°$일때)가 되어 식 (1)은

$$m\frac{d^2x}{dt^2} = -mg\frac{x}{l} \tag{2}$$

가 된다.

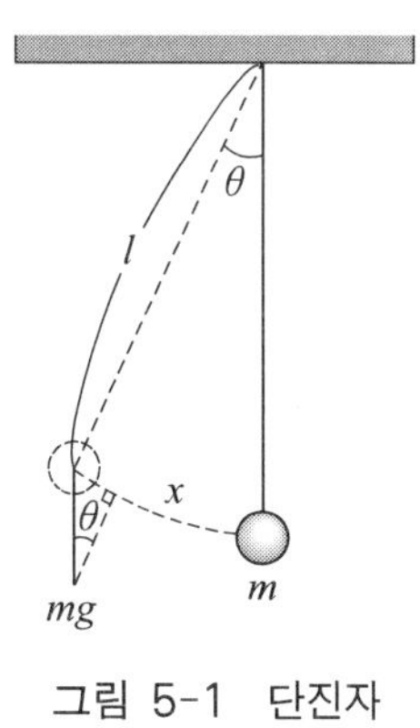

그림 5-1 단진자

이 미분방정식의 해는

$$x = A\cos(wt+\theta) \tag{3}$$

이다.

여기서 A는 진폭이고 $w = \sqrt{g/l} = 2\pi\frac{1}{T} = 2\pi f$ 이므로 이를 주기에 관한 식으로 재정리하면

$$T = 2\pi\sqrt{l/g} \tag{4}$$

이다. 이것을 중력에 관한 이항하면

$$g = 4\pi^2\frac{\ell}{T^2} \tag{5}$$

이다. 중력가속도 g의 측정이 가능하다.

만일, 조건에 진폭이 크고{$\sin\theta \simeq \theta$ (5°초과)} 끈의 질량을 무시할수 없을 때는 식 (4)에서 진폭과 끈의 질량을 추가하면

$$T = 2\pi\sqrt{\frac{l}{g}\left\{1+\frac{1}{16}\left(\frac{A}{l}\right)^2+\frac{1}{5}\left(\frac{r}{l}\right)^2\right\}} \tag{6}$$

가 된다.

진폭이 클 경우 : $T = 2\pi\sqrt{\frac{l}{g}\left[1+\frac{1}{16}\frac{A^2}{l^2}\right]}$

실의 질량이 큰 경우 : $T = 2\pi\sqrt{\frac{l}{g}\left[1+\frac{1}{5}\frac{r^2}{l^2}\right]}$

3. 실험기구 및 장치

(1) 단진자
(2) 초시계
(3) 미터자
(4) 실과 각도기
(5) 자 달린 망원경 및 스탠드

4. 실험방법

(1) 그림 5-2와 같이 구성한다.

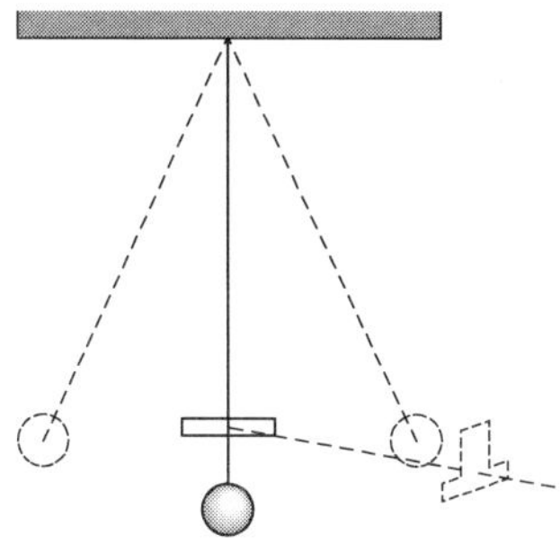

그림 5-2 단진자 실험 장치 배치도

(2) 끈이 고정되어있는 끝 부분부터 추의 중심까지 길이(l)을 측정한다.

진자의 길이는 계산의 편리성을 추구하기 위해 1m로 한다.

(3) 자 달린 망원경을 진자로부터 1~2m 거리에 장치하고 추의 바로 윗 부분의 실이 망원경의 +자선과 시각적인 차이가 없어 보이도록 조절한다.(망원경이 없을 때는 표준막대를 이용해서 시간측정의 기준으로 삼는다.)

(4) 추에 힘을 가하여 흔들어 주어 주기운동이 규칙적이고 진자의 진폭이 5° 이하가 되었을 때부터 기록을 시작한다.

(5) 자 달린 망원경(또는, 표준막대를 통해서)으로 진자의 주기 횟수를 카운터하고, 그 주기에 따른 시간을 초시계를 이용하여 측정한다.

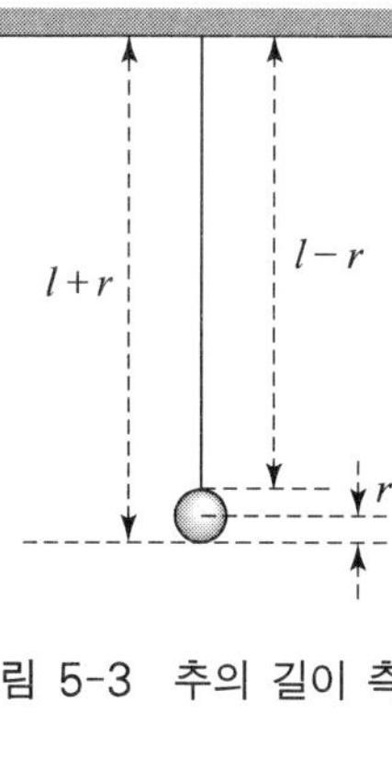

그림 5-3 추의 길이 측정

(6) 주기가 10회 단위(한 주기는 자 달린 망원경으로 관찰할 경우 좌우로 한번씩 죽 두 번 관찰되므로 염두에 두길 바란다)로 걸린 시간을 측정하여 기록한다.(주기가 10회까지만 실험함)

(7) 진자의 길이를 약 50cm로 고정시키고 실험(2)에서 실험(6)까지 반복하여 측정한 후 기록한다.

제출일 : 년 월 일 ※ 반드시 기재

학 부	학부	학 번		담당교수명	
성 명		조		수강시간	요일 교시

❖ 실험결과

실험 1) 진자의 실의 길이를 1m로 고정

(1) 추의 반경(r) :

추의 밑까지의 길이($l+r$) :

(2) 주기(T_1)

횟 수	시각 t_1	횟 수	시각 t_2	시각 t_2-t_1
0		60		
10		70		
20		80		
30		90		
40		100		
50		110		
			평 균(T_{60})	

$$T=\frac{T_{60}}{60}=$$

$$g=4\pi^2\frac{l}{T^2}=$$

표준값과의 오차 %

실험 2) 진자의 실의 길이를 50cm로 고정

(1) 추의 반경(r) :

추의 밑까지의 길이 (l_2+r) :

(2) 주기(T_2)

횟 수	시각 t_1	횟 수	시각 t_2	시각 $t_2 - t_1$
0		60		
10		70		
20		80		
30		90		
40		100		
50		110		
			평 균(T_{60})	

$$T = \frac{T_{60}}{60} =$$

$$g = 4\pi^2 \frac{l}{T^2} =$$

표준값과의 오차 %

❖ 토의사항 및 참고서적

실험 6

1차원 탄성 충돌 실험(에어트랙)

1. 실험목적

마찰이 없는 에어트랙에서 두 물체를 탄성 충돌시켜, 충돌 전후의 시간을 측정하여 순간속도를 구하여 탄성 충돌의 운동량 보존과 운동에너지 보존을 확인한다.

2. 실험원리

탄성충돌이란 충돌 전후 속도차의 비가 같은 충돌을 말한다.

외부(마찰, 공기저항 등)에서 작용하는 힘이 없다면 운동량 P은 항상 보존되므로 운동량보존법칙은

$$P_1 + P_2 = P_1' + P_2' \tag{1}$$

$$m_1\vec{v_1} + m_2\vec{v_2} = m_1\vec{v_1}' + m_2\vec{v_2}' \tag{2}$$

이다. 여기서, m_1과 m_2는 두 물체의 각각의 질량, $\vec{v_1}$은 충돌 전의 질량 m_1의 속도, $\vec{v_1}'$은 충돌후의 질량 m_1의 속도, $\vec{v_2}$은 충돌전의 질량 m_2의 속도, $\vec{v_2}'$은 충돌후의 질량 m_2의 속도이다. 또한 운동에너지 E도 보존된다. 그에 관한 식은

$$E_1 + E_2 = E_1' + E_2' \tag{3}$$

$$\frac{1}{2}m_1\vec{v_1}^2 + \frac{1}{2}m_2\vec{v_2}^2 = \frac{1}{2}m_1\vec{v_1}'^2 + \frac{1}{2}m_2\vec{v_2}'^2$$

이다.

3. 실험기구 및 장치

(1) Air track

(2) Photo gate Timer

(3) Air blower

(4) Gliders

4. 실험방법

(1) 그림 6-1과 같이 구성한다.

(2) Photo gate Timer를 작동한다.(순서대로 할것)
전원장치를 켠다 → MEASURMENT 버튼을 한번눌러 화면에 Time이 표시되도록 한다 → MODE 버튼을 한번 눌러 화면에 One Gate가 표시되도록 한다.

(3) 두 물체의 질량 m_1, m_2과 수레 위에 달 U자형 날개의 길이 S_1, S_2를 측정하여 각각 기록한다.

(4) Photo gate Timer 의 START 버튼을 눌러 ! 표시가 되도록한다.

(5) 양쪽에서 두 물체를 밀어 U자형 날개가 Photo gate Timer 에 연결된 센서를 지나도록 하고 그때 Photo gate Timer 에 측정된 시간(충돌 전 시간 t_1, t_2)을 기록한다.

(6) 두 물체가 충돌 후에 시간(t_1', t_2')을 측정한다.
충돌후의 시간을 재기 위해서 충돌전의 시간을 잰 후, 즉시 START 버튼을 눌러 ! 표시가 되어야 시간을 측정을 할 수 있으므로 주의한다.

(7) 양쪽에서 두 물체를 미는 힘을 달리하여 10회 반복한다.(40~60cm/s)
(너무 세게 밀면 정확한 데이터를 구하기 힘들다)

(6) 운동량과 운동에너지가 보존하는지, 과정 (5), (6)의 데이터 값으로 비교 분석한다.
* 속도는 벡터량 이므로 반드시 방향을 고려하여 계산하도록 한다.

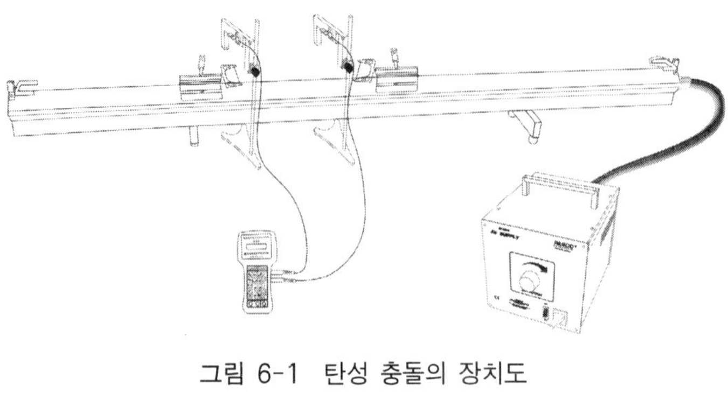

그림 6-1 탄성 충돌의 장치도

제출일 : 년 월 일 ※ 반드시 기재

학 부	학부	학 번		담당교수명	
성 명		조		수강시간	요일 교시

❖ 실험결과

S_1 : ________________ m_1 : ________________

S_2 : ________________ m_2 : ________________

측정목록 / 횟수	충 돌 전				충 돌 후			
	t_1	t_2	v_1	v_2	t_1'	t_2'	v_1'	v_2'
1 회								
2 회								
3 회								
4 회								
5 회								
6 회								
7 회								
8 회								
9 회								
10 회								
평 균								

측정 목록 / 다르게 가한 힘	충돌전후운동량보존		충돌전후운동에너지보존	
	충돌전	충돌후	충돌전	충돌후
	$P_1 + P_2$	$P_1' + P_2'$	$E_1 + E_2$	$E_1' + E_2'$
1 회				
2 회				
3 회				
4 회				
5 회				
6 회				
7 회				
8 회				
9 회				
10 회				

❖ 토의사항 및 참고서적

실험 7

포물선 운동 실험

1. 실험목적

구슬의 포물선 운동시 발사각도와 초기속도의 변화에 따른 포사체의 포물선 운동량이 보존되는지 확인한다.

2. 실험원리

탄환이 일정한 초기 속도 v_0를 가지고 각 θ의 각도록 발사되었을때, 이 탄환의 운동은 x축 방향과 y축 방향으로 나누어 해석할 수 있다.

$$x = x_0 + v_{0x}t + \frac{1}{2}at^2 \tag{1}$$

$$y = y_0 + v_{0y}t + \frac{1}{2}at^2 \tag{2}$$

탄환이 발사되는 연직 바닥을 기준점으로 고려하면, x축 방향으로의 운동은 초기 위치 $x_0 = 0$, 가속도 $a = 0$이므로

$$x = v_{0x}t \tag{3}$$

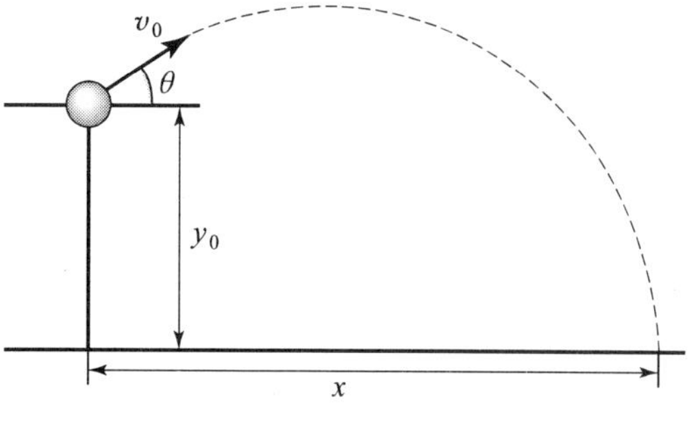

그림 7-1 포물선 운동

로 표현된다. 또한 y축 방향으로의 운동은 초기위치 y_0, 가속도는 중력 방향인 $-g$값을 갖게 된다. 즉

$$y = y_0 + v_{0y}t - \frac{1}{2}gt^2 \tag{4}$$

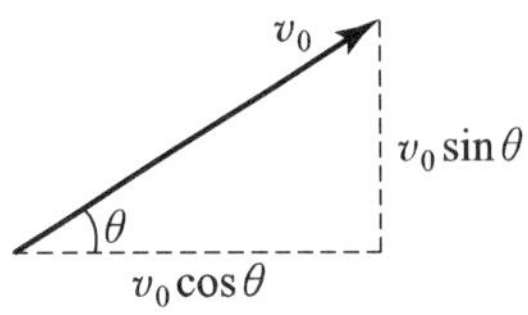

그림 7-2

그림 7-2에서 보는 것처럼 $v_{0x} = v_0 \cos\theta$, $v_{0y} = v_0 \sin\theta$ 로 표현되어 위의 식은 다음과 같이 정리가 된다.

$$\begin{aligned} x &= v_0 \cos\theta\, t \\ y &= y_0 + v_0 t \sin\theta - \frac{1}{2}gt^2 \end{aligned} \tag{5}$$

이 실험에서는 위의 두 식중에서 어느 하나의 식만 있어도 실험이 가능하다. 여기서는 첫 번째 식을 사용하여 초기속도 v_0를 구한다.

$$v_0 = \frac{x}{t \cos\theta} \tag{6}$$

3. 실험기구 및 장치

(1) 포사체
(2) Time-of-pad
(3) Photo gate Timer
(4) 자
(5) 발사구
(6) 연직추

4. 실험방법

(1) 발사체를 중심추가 0을 가리키도록 조정한 후 조임쇠를 조인다.

(2) 광센서가 발사체의 끝에 오도록 조정한다.

(3) Photo gate Timer 에 발사체쪽에 광센서를 1번에 연결하고, time-of-pad를 2번에 연결하고 전원을 켠다.

(4) 발사체의 강도를 1단으로 고정하고, 발사구를 넣어 발사한다.

(5) 발사구가 떨어지는 지점에 Time-of-pad를 위치시킨다.

(6) 먼저 발사체의 각도가 0을 가리키는가 확인한 다음, 발사체의 세기를 1단으로 고정하고 발사구를 넣어 발사 준비한다.

발사속도는 3단계로 조절할 수 있다. 1단-Short, 2단-Medium, 3단-Long으로 쇠구슬을 발사체에 밀어넣을 때마다 찰칵이며 걸리는 소리가 난다. 실험하는 동안 이 위치는 고정되어 있어야 하므로 실험실의 공간 상황을 봐서 주의깊게 결정해야 한다.

(7) Photo gate Timer 를 켜고 MEASURMENT 버튼을 한번 눌러 Time 이 표시되도록 하고, MODE 버튼을 세 번 눌러 Two Gates가 표시되도록 하고, START 버튼을 눌러 ! 표시가 되도록 한다음, 발사체를 발사한다.

(8) Photo gate Timer에 기록된 비행시간을 기록하고, 발사체의 끝에서부터 탄환의 낙하지점까지의 수평거리를 연직추와 미터자를 사용하여 측정하고 결과보고서에 기록한다.

(9) 같은 실험을 5회 반복하고 그 평균값을 식 (6)에 대입하여 초기속도를 계산한다.

(10) Photo gate Timer에 Time-of-pad 연결잭을 제거하고, 광센서 연결잭 두 개를 연결한다.(발사체쪽 센서를1번, 바깥쪽 센서를 2번에 연결한다.)

(11) 발사체의 강도를 1단으로 고정하고 Photo gate Timer의 START 버튼을 눌러 ! 표시가 되도록 하고 발사체의 방아쇠를 당긴다.

(12) 같은 실험을 5회 반복하고, 두 광센서 사이의 거리(d)를 측정하고, (11)번 실험에서 측정한 시간(t)으로 나누어 초기속도$\left(\frac{d}{t}\right)$를 구한다.

(13) 발사각도를 15도씩 변화시키면서 위의 과정을 반복 실험한다.

제출일 :　　　　년　　월　　일　　　　　　　　　　　※ 반드시 기재

학 부	학부	학 번		담당교수명	
성 명		조		수강시간	요일　교시

❖ 실험결과

	발사각도 0°		발사각도 15°		발사각도 30°		발사각도 45°		발사각도 60°		발사각도 75°	
	수평 거리 (x)	비행 시간 (t)	수평 거리 (x)	비행 시간 (t)	수평 거리 (x)	비행 시간 (t)	수평 거리 (x)	비행 시간 (t)	수평 거리 (x)	비행 시간 (t)	수평 거리 (x)	비행 시간 (t)
1 회												
2 회												
3 회												
4 회												
5 회												
평 균												
$v_0 = \dfrac{x}{t\cos\theta}$												

두 광센서 사이의 거리 =

	발사각 0° 통과시간(t)	발사각 15° 통과시간(t)	발사각 30° 통과시간(t)	발사각 45° 통과시간(t)	발사각 60° 통과시간(t)	발사각 75° 통과시간(t)
1 회						
2 회						
3 회						
4 회						
5 회						
평 균						
$v_0 = \dfrac{\text{거리}}{\text{시간}}$						

❖ 토의사항 및 참고서적

실험 8

오실로스코프(파동중첩)

1. 실험목적

오실로스코프의 사용법을 알고 오실로스코프의 음극선관을 사용해서 전기신호가 변화하는 모양(파형)을 보고 전기신호의 특성을 파악한다.

2. 실험원리

오실로스코프에 사용되고 있는 음극선관은 편향판 2개의 전극으로 이루어져 있으며, 이를 정전편향형이라고 한다. 먼저 두 평향판에 전압을 가하면 자기장이 형성된다. 여기에 전자빔을 평향판사이로 발사하면 시간적 변화에 의하여 θ만큼 이동하면서 브라운관의 형광면에 부딪쳐 운동 에너지가 정지되면서 빛을 방출하게 된다. 이 빛은 시각적으로 파형을 형성해서 눈에 보이게 된다.

$$\overrightarrow{F_1} = q\vec{v} \times \overrightarrow{B_x} \tag{1}$$

$$\overrightarrow{F_2} = q\vec{v} \times \overrightarrow{B_y} \tag{2}$$

$$\overrightarrow{F_{tot}} = \overrightarrow{F_1} + \overrightarrow{F_2} \tag{3}$$

위의 식 (1)은 $x-$방향의 편향판이고 식 (2)은 $y-$방향의 편향판이며, 식 (3)은 형광판에 부딪치는 위치를 나타낸다. 그림 8-1과 같이 전자{음극(−)}빔을 일정한 방향으로 지나간다고 가정하자. 전자빔의 둘레에 편향판을 놓고, 시간의 차이에 따라 편향판에 서로 다른 전압을 가하면 전자는 $x-$방향과 $y-$방향으로 이동한 후에 형광판에 부딪힌다.

진동수의 측정에 있어서 그림 8-1과 같이 1 : 2의 경우는 $x-$방향과 $y-$방향에 접하는 점의 주기 $T_1 = 1$와 주기 $T_2 = 2$을 계산하면 진동수의 비율은

$$\frac{T_1}{T_2} = \frac{f_2}{f_1} = \frac{1}{2}$$

이다.

3. 실험기구 및 장치

(1) 오실로스코프

(2) 주파수 발생기(Function Generator)

(3) 연결케이블

4. 실험방법

1) 리사주 파형

(1) 오실로스코프가 측정할 수 있는 측정 범위 내에 있는 각각의 주파수 발생기(Function Generator)를 연결한다.

(2) CH-1 방향의 주파수 발생기와 CH-2방향의 주파수 발생기를 오실로스코프에 연결한다.

(3) 오실로스코프의 Acquire 버튼을 누른 후 XY 모드를 켠다.

(4) Run/Stop 버튼을 눌러 CH-1, CH-2 에 V/DIV를 조절하여 리사주 도형을 확인한다. 오실로스코프의 화면에 나타난 리사주 도형을 확인하여 그린다.

(5) 제너레이터를 조절하여 비율을 1:1, 1:2, 1:3, 2:3으로 맞추어가며 위 과정을 반복한다.

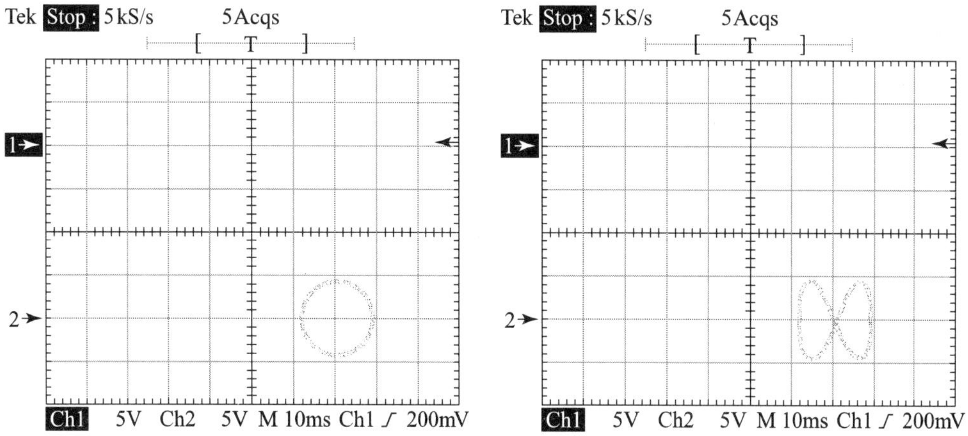

그림 8-1 진동수 비율을 1:1(왼쪽), 1:2(오른쪽)

2) SIN 파형 측정

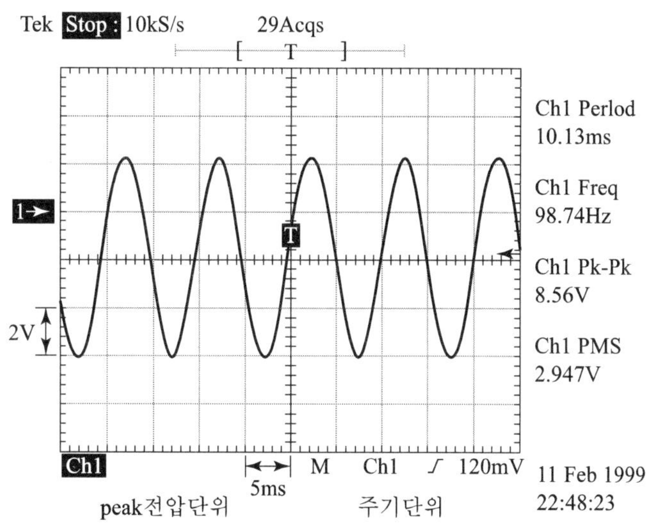

그림 8-2 sin 파

(1) 주파수 제너레이터와 오실로스코프의 CH1을 연결한다.(CH2는 제거함)

(2) 주파수 제너레이터의 임의의 파를 임의의 주파수로 고정한다.

(3) 두 파수 제너레이터에서 임의의 파를 발생시킬 때 오실로스코프에 나타나는 그래프를 보고 확인한다.

(4) Run/stop를 눌러 파형을 고정시킨다.

(5) 오실로스코프에 measure버튼을 누른 후 add버튼을 누른 뒤 Show all 를 눌러 주파수, 주기, 최대전압, 실효값을 측정한다.

3) 제너레이터(함수발생기)

* a' 초기 헤르츠(Hertz)는 1000.0Hz이다.
* b' 나사로 출력 주파수를 조절(Adjust)한다.
* c' 파형(Waveform)은 사인파로 설정한다.
* d' 나사는 진폭(Amplitude) 감도를 조절한다.
* e' 단자의 GND단자와 LOΩ단자에 각각 검은색 악어클립과 붉은색 악어클립을 연결한다.

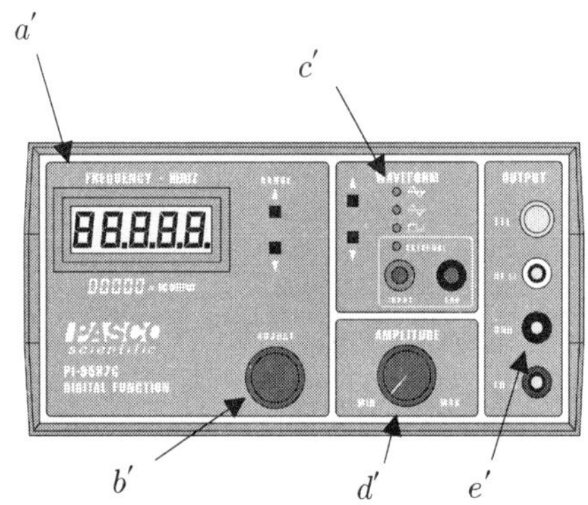

제출일 :　　　　년　　월　　일　　　　　　　　　　　　　※ 반드시 기재

학 부	학부	학 번		담당교수명	
성 명		조		수강시간	요일　교시

❖ 실험결과

1) 리사주도형

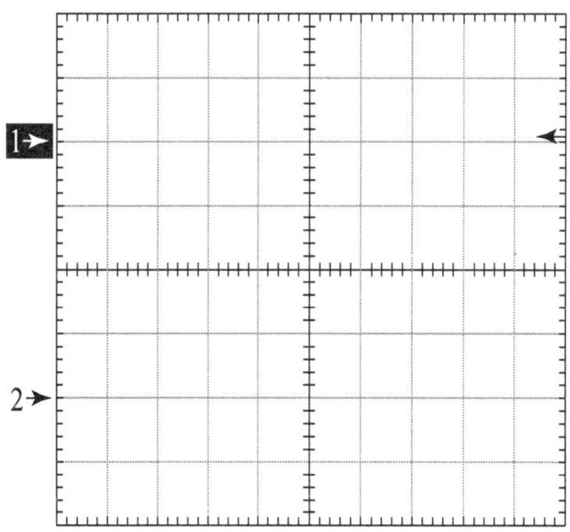

주파수 1:1

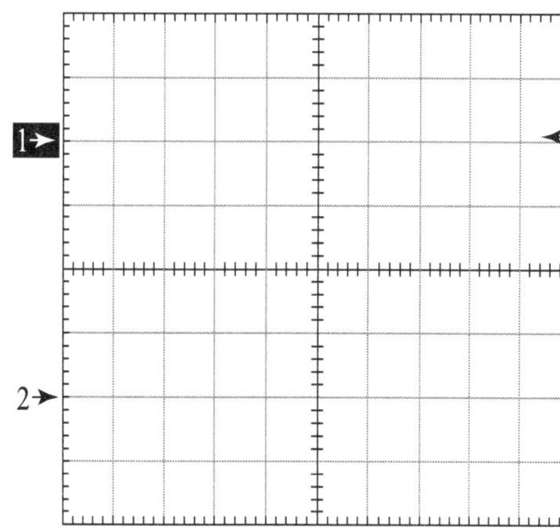

주파수 1:2

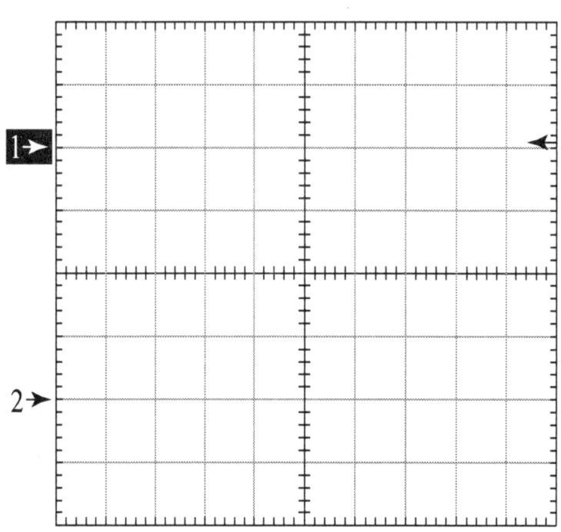

주파수 1:3

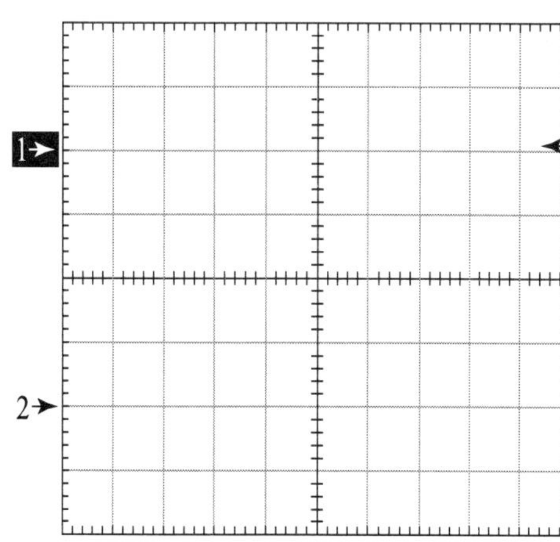

주파수 2:3

2) sin 파형 측정

	제너레이터	오실로스코프
주파수		
주기		
최대값		
실효값		

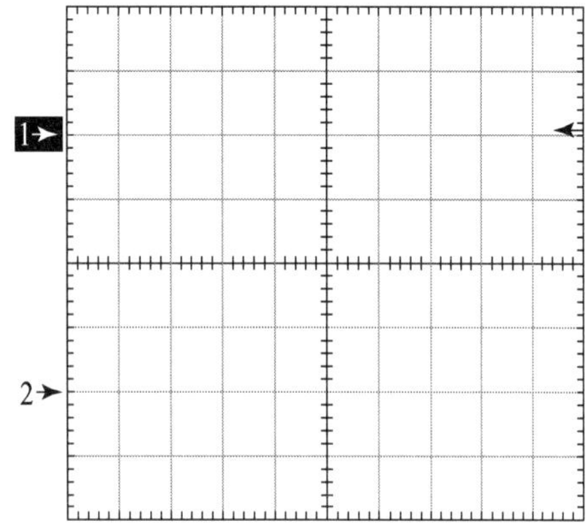

※참고사항

주파수: 단위시간당 사이클 수

파　장: 파동모형에서 연속적으로 대응되는 어떤 주점사이의 거리

주　기: 한 사이클 동안의 시간

❖ 토의사항 및 참고서적

실험 9

옴의 법칙 실험

1. 실험목적

저항체와 기전력으로 구성된 회로에 걸리는 전압과 이 회로에 흐르는 전류를 전압계와 전류계로 측정하여 Ohm의 법칙을 확인한다.

2. 실험원리

Ohm은 금속도선에서 전압과 전류를 측정하여 그들 사이의 비례 관계를 알아내었다. 이와 같은 전류와 전압의 직선적인 비례관계를 Ohm의 법칙이라 한다. 따라서 어느 저항체에 걸리는 전압 V와 이에 흐르는 전류 I 사이에는 다음과 같은 식이 성립한다.

$$R = \frac{V}{I} \tag{1}$$

여기에서 R은 그 저항체의 저항이다. 그 단위는 V/A이며, 이것을 Ω이라 한다.

전압 V가 일정할 때 R이 클수록 전류 I가 작아지므로 R은 전류의 흐름을 방해하는 요소인 전기 저항이다. 보다 일반적인 관점에서 기술하면 전압대신에 전기장을 쓸 수 있다. 이때 전류 I 대신에 전류밀도 J를, 저항 R 대신에 비저항을 쓰게 되며 다음식과 같이 표현된다.

$$\rho = \frac{E}{J} \tag{2}$$

E와 J의 SI단위는 각각$\mathrm{V/m}$, $\mathrm{A/m^2}$이므로 ρ의 SI 단위는 $\frac{V}{A}\mathrm{m}$이다.

회로 내에서 저항체는 한 개만을 쓰기도 하고, 여러 개를 연결하여 사용하기도 한다. 가장 흔히 볼 수 있는 예로는 저항체를 한 줄로 연결한 직렬 연결, 저항체를 나란히 연결한 병렬 연결, 그리고 직렬과 병렬을 섞어서 연결한 혼합 연결 등이 있다. 직렬 연결에서의 합성 저항은

$$R_P = R_1 + R_2 + R_3 + \cdots \tag{3}$$

이고, 병렬 연결에서의 합성 저항은

$$\frac{1}{R_P} = \frac{1}{R_1} + \frac{1}{R_2} + \frac{1}{R_3} + \cdots \tag{4}$$

3. 실험기구 및 장치

(1) Ohm의 법칙 실험기
(2) 전원장치
(3) 직류전압계
(4) 직류전류계
(5) 리드선

4. 실험방법

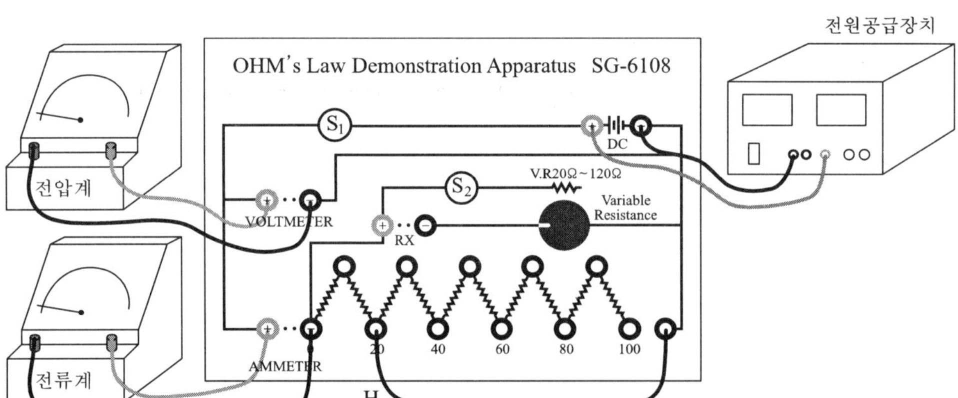

그림 9-1 OHM의 법칙 실험 연결방법

1) 전류에 따른 전압의 변화(저항이 일정한 경우)

(1) 그림 9-1과 같이 Ohm의 법칙 실험기에 전류계, 전압계, 전원을 연결한다.
(2) 리드선을 20Ω 저항 단자에 연결한다.(이때 H단자를 옮겨가면서 원하는 저항값에 연결하고, 반대편 단자는 고정되어 있어야 한다)

(3) 전원스위치 S_1을 on으로 하고 S_2를 off로 한 다음 전원공급장치를 이용하여 전원을 공급한다.

(4) 전원공급장치의 출력전압을 조정하여 회로에 가해지는 전류를 변화시키면서 그 때의 전류와 전압을 측정한다.

(5) 측정한 값으로부터 전압-전류의 그래프를 그리고, 저항이 일정한가를 확인한다.

2) 저항에 따른 전류의 변화(전압이 일정한 경우)

(1) 그림 9-1과 같이 Ohm의 법칙 실험기에 전류계, 전압계, 전원을 연결한다.

(2) 전원스위치 S_1을 on으로 하고 S_2를 off로 한 다음 전원공급장치를 이용하여 전압을 공급한다.(기본값 2V)

(3) 리드선을 20Ω단자에 연결하고 이때의 전류값을 읽고 기록한다.

(4) H단자를 40Ω에 옮겨 연결하고 전류값을 기록한다.
이와 같은 방법으로 100Ω까지 측정하고 다시 20Ω씩 줄여가면서 측정한다.

(5) 측정한 값으로부터 전류-저항의 그래프를 그리고, 전압이 일정한가를 확인한다.

3) 저항에 따른 전압의 변화(전류가 일정한 경우)

(1) 그림 9-1과 같이 Ohm의 법칙 실험기에 전류계, 전압계, 전원을 연결한다.

(2) 전원을 켜고 스위치 S_1을 on으로 하고 S_2를 off로 한 다음 전원공급장치를 이용하여 전류를 일정하게 공급한다.(기본값 0.1~0.2A)

(3) 리드선을 20Ω단자에 연결하고 이때의 전압값을 읽고 기록한다.

(4) H단자를 40Ω에 옮겨 연결하고 전압값을 기록한다. 이와 같은 방법으로 100Ω까지 측정하고 다시 20Ω씩 줄여가면서 측정한다.

(5) 측정한 값으로부터 전압-저항의 그래프를 그리고, 전류가 일정한가를 확인한다.

제출일 : 년 월 일 ※ 반드시 기재

학 부	학부	학 번		담당교수명	
성 명		조		수강시간	요일 교시

❖ 실험결과

1) 전류에 따른 전압의 변화 저항이 일정한 경우

설치 저항		Ω				
전 압(V)		1	2	3	4	5
전 류(A)	1 회					
	2 회					
	3 회					
	4 회					
	평 균					
저 항(Ω)						
				계산된 평균 저항		Ω

〈 전압 - 전류의 그래프 〉

2) 저항에 따른 전류의 변화 전압이 일정한 경우

설치 전압		V			
저 항(Ω)		20	40	60	80	100
전 류(A)	1 회					
	2 회					
	3 회					
	4 회					
	평 균					
전 압(V)						
				계산된 평균 전압(실험결과)		V

〈 전류 - 저항의 그래프 〉

3) 저항에 따른 전압의 변화 전류가 일정한 경우

설치 전류		A			
저 항(Ω)		20	40	60	80	100
전 압(V)	1 회					
	2 회					
	3 회					
	4 회					
	평 균					
전 류(A)						
				계산된 평균 전류		A

〈 전압 - 저항의 그래프 〉

❖ 토의사항 및 참고서적

실험 10

수면파 간섭 실험

1. 실험목적

수면파 간섭 실험 장치를 이용하여 파동의 간섭을 일으키고, 수면파의 속력을 구한다.

2. 실험원리

파동(wave)은 진동하는 물리량의 크기가 시간이 지나면서 공간상으로 진행해 나가는 것을 가리킨다. 파동에는 진동하는 물리량에 따라서 탄성파(elastic wave, 진동하는 양은 변형), 수면파(surface wave, 물분자의 변위), 소리 또는 초음파(sound or ultrasound, 매질의 밀도), 전자기파(electromagnetic wave, 전기마당과 자기마당) 등이 있다.

또, 진동 방향에 따라서는 가로파동(횡파, transverse wave, 진동 방향이 파동의 진행 방향과 수직일 때)과 세로파동(종파, longitudinal wave, 진동 방향이 파동의 진행방향과 평행일 때)으로 나눈다.

파동을 기술할 때는, 진동의 형태가 반복되는 거리(파장, wavelength)와 시간(주기, period)을 사용하며 또, 동등하게는 각각의 역수에 해당하는 파수(wave number)와 진동수(frequency)를 사용하기도 한다.

파동의 속력은 파장과 진동수의 곱과 같다. 파동은 진행경로의 도중에 장애물이 있으면 진행방향을 바꾼다. 대표적인 예로 반사(reflection)와 굴절(refraction)이 있다. 그러나 장애물의 크기나, 장애물에 뚫린 구멍의 크기가 파동의 파장에 가깝게 작아지면 에돌이(회절, diffraction)라고 불리우는 파동 특유의 현상이 나타난다.

또한, 서로 다른 경로를 거친 파동이 합치게 되면 간섭(interference)현상이 나타나는데, 간섭현상을 보이기 위해서는 겹치는 파동의 위상관계가 시간에 따라 변하지 않는 일정한 파동이어야 한다.

진폭 a, 진동수 $\omega/2\pi$가 같고, 경로차가 Δ인 두 개의 파동

$$y_1 = a\sin(\omega t - kx) \tag{1}$$

$$y_2 = a\sin[\omega t - kt(x + \Delta)] \tag{2}$$

가 중첩하면, 이들의 합성파는 다음과 같다.

$$y = y_1 + y_2 = 2a\cos\left(\frac{k\Delta}{2}\right)\sin\left[\omega t - k\left(x + \frac{k\Delta}{2}\right)\right] \tag{3}$$

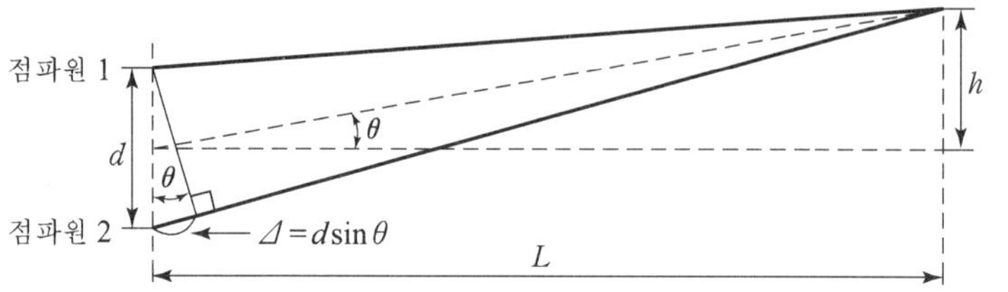

그림 10-1 두 파동의 합성

여기서 k는 전파상수, λ는 파장이며, n은 차수(지점까지의 골과 마루의 개수)이다. 이 합성파의 진폭이 최대가 될 때에는

$$\frac{k\Delta}{2} = n\pi \tag{4}$$

의 관계가 성립하며,

$$\frac{k\,d\sin\theta}{2} = n\pi \tag{5}$$

이며, 그림과 식 (4)에 의해

$$\lambda = \frac{d}{n}\frac{h}{\sqrt{L^2 + h^2}} \tag{6}$$

가 된다.

3. 실험기구 및 장치

(1) 수파투영장치

(2) 30cm 자

(3) 각도기

(4) 종이

(5) 물과 물그릇

4. 실험방법

(1) 수조에 물을 2/3 가량 채운 뒤 수면파 발생 장치를 설치한다. 이때 가능한 한 수조를 수평으로 놓고 가장자리에 스펀지로 수면파 흡수대를 놓아 반사파가 생기지 않도록 한다.

(2) 발생장치의 플라스틱관(막대)이 3-5mm 정도 물에 잠기도록 높이를 조정한다. 한 대가 수조의 한 가운데 쯤에 가장 자리와 평행이 되도록 위치시킨다.

(3) 수면파 발생장치의 전원을 연결하고 적당한 주기의 떨림이 일어나도록 주기조절 누름 여닫이를 눌러 10Hz 정도로 맞춘다.(주기는 1-30Hz 사이만 조절이 가능하다. 첫 번째 자리는 10의 자리, 두 번째 숫자는 1의 자리 그리고 세 번째 숫자는 소수점 첫 번째 자리이다. Phase라고 쓴 누름 여닫이는 두 떨개의 위상차를 조절하는 용도이므로 0으로 맞춘다.)

(4) 떨개의 주기와 전구의 위치를 조절하여 수면파의 그림자가 잘 비치도록 한다. 어떤 이유로 수면파의 그림자가 생기는지 생각해 보아라.

(5) 전구에 투영된 물결 사이의 거리를 5회 측정 한 뒤 평균을 구한다.

(6) 수면파의 파장을 계산하기 위해서. 그림 11-1을 참고하여, 점파원 사이의 거리(d), 간섭무늬까지의 거리(L), h를 측정하고 식 (6)를 이용하여 파장을 계산한다.

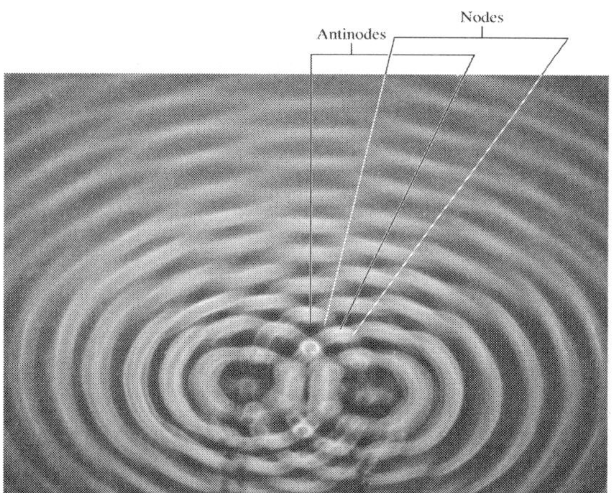

그림 10-2 실험의 예시 상황

(6) 계산된 파장과 사용한 주기($\frac{1}{진동수}$)를 이용하여 수면파의 속력(진동수×파장)을 구한다.

(7) 진동수를 10Hz로 하여 2회 실험하고, 진동수를 15Hz로 하여 2회 실험을 반복하여라.

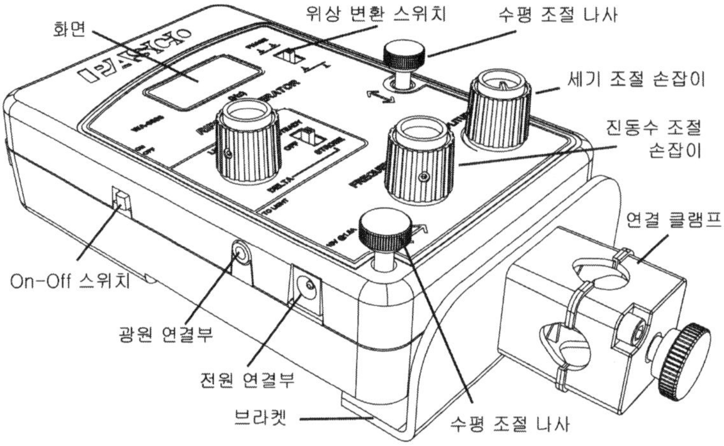

그림 10-3 수면파실험장치 1

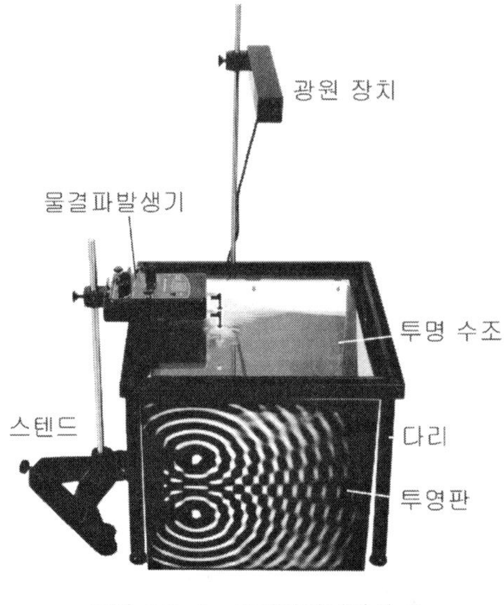

그림 10-4 수면파실험장치 2

제출일 : 년 월 일 ※ 반드시 기재

학 부	학부	학 번		담당교수명	
성 명		조		수강시간	요일 교시

❖ 실험결과

진동수 f	점파원 사이 거리 d	간섭 무늬까지의 거리 L	간섭 무늬의 높이 h	차수 n	파장 λ	물결파의 속도 v

❖ 토의사항 및 참고서적

실험 11

기주공명을 이용한 음속측정 실험

1. 실험목적

진동수를 알고있는 소리굽쇠를 진동시켜 원주형 유리관속의 공기를 공명하게 한 후 그 소리의 파장을 측정함으로써 공기 중의 음속을 알아본다.

2. 실험원리

공기 중에서 진동수를 f, 파장을 λ, 파동이 전파하는 음의 속도를 v라고 할 때, 이 관계를 식으로 표현하면

$$v = f\lambda \tag{1}$$

이다.

그림 11-1과 같이 진동수가 정해진 소리굽쇠를 진동시키면, 이 진동으로 인한 파동은 원주형 유리관을 통하여 전달된다. 이때 유리관의 한쪽 끝을 물로 막으면 파동이 그 수면에 부딪혀 다시 되돌아온다. 원주형 유리관으로 들어오는 파동과 나오는 파동이 서로 간섭을 일으켜 공명현상이 발생한다. 따라서, 소리굽쇠가 진동하여 원통형 유리관에서 파의 마디가 여러 개(0, 1, 2, $\cdots$,n) 생기는데 이를 수식으로 표현하면 파장 λ은

$$\lambda = 2(x_{n+1} - x_n) \tag{2}$$

이고, 식 (1)에 식 (2)을 대입하면

$$v = 2f(x_{n+1} - x_n) \tag{3}$$

이 된다. 여기서 n_0, n_1, $\cdots$, n_n은 유리관 내의 공명 위치이다.

파동속력 v는 시간 t가 0일 때 정지하고 있는 상태이기에 시간 t가 될 때까지의 운동량은 그 시간에서의 운동량과 같다. 기체의 총량은 길이 x는 vt, 단면적이 A인

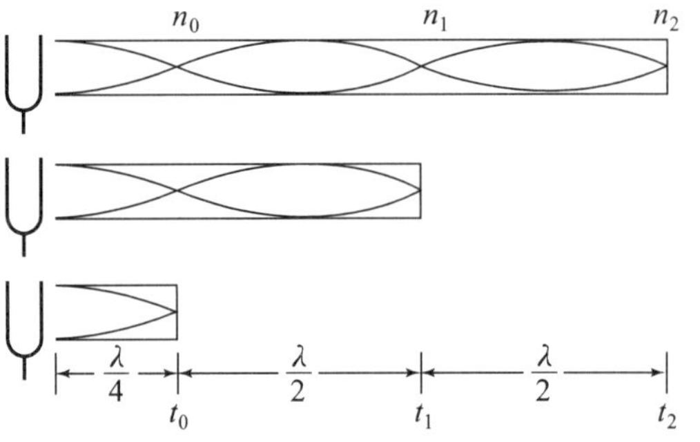

그림 11-1 유리관 파동현상

원통 속에 있는 것과 같으므로

$$B\frac{v_y}{v}At = \rho vt\, Av_y$$

이다. 여기서 B은 부피 탄성률인 $\dfrac{\text{압력 변화}}{\text{부피 변화율}}$로 정의하고, v_y은 그림 11-1과 같이 오른쪽으로 이동하는 속력이다. 이것을 속력 v에 관해 정리하면

$$v = \sqrt{\frac{B}{\rho}} = \sqrt{\frac{P}{\rho}}$$

이다. 여기서 온도가 일정하므로 부피 탄성률 B은 압력 P와 같다.

관 끝에서 조금 높은 위치에서 소리굽쇠을 진동시키고, 또한 유리관의 모양과 크기, 그리고 공기의 상호작용으로 첫 번째의 정상 파가 공명 위치 n_0까지의 길이는 $\frac{\lambda}{4}$보다 작게 나온다. 이를 보정하기 위하여 실험장치의 원주형 유리관 끝에서부터 배까지의 거리와 원주형 유리관의 내반경의 비는 약 0.55~0.85이다. 공기중 또는 어떤 기체 중의 음속은

$$v = \sqrt{k\frac{P}{\sigma}} \tag{4}$$

이다.

여기서 압력 P와 밀도 σ는 절대단위이고, k는 정압비열 대 정적비열의 비인 상수이며, 공기에 대해 $k = 1.403$이다. 온도의 상승에 따라 기체의 부피는 팽창하고 그에 따라 밀도는 감소하므로 음속은 증가한다. 기체의 팽창법칙을 이용하면

$$v_T = v_0\sqrt{1+\frac{1}{273}T} \qquad (5)$$

이다. 여기서 v_T은 온도 T ℃에서의 음속, v_0은 0 ℃에서의 음속이다.

3. 실험기구 및 장치

(1) 원주형 유리관
(2) 온도계
(3) 물통
(4) 고무호수
(5) 스탠드

4. 실험방법

(1) 그림 11-2와 같이 원주형 유리관과 물통에 물을 적당히 채운다.(물통을 위 아래로 움직여서 관의 물이 꼭대기에서 아래까지 움직일 수 있도록 물의 양을 조절한다.)
(2) 진동수 f를 설정한다.
(3) 핸드폰 어플을 이용해 지정해둔 진동수의 소리를 낸다. 유리관 1cm 위에 수직 방향으로 놓음과 동시에 물통을 서서히 계속해서 내리면 유리관 내에서 크게 울리는 소리를 여러 번 일어난다. 그 위치를 확인하고 기록한다. 이와 같은 과정을 5회 반복하여 평균치를 구한다.
(4) 진동수를 바꾸어서 과정 (2)을 반복한다.
(5) 실험시의 온도 T ℃을 측정한다.
(7) 식 (1)을 이용하여 음속을 구한다.
(8) 위의 측정치와 식(5)를 이용하여 0℃일 때의 음속 v_0을 구하고 0℃에서 음속의 값을 찾아 비교한다.

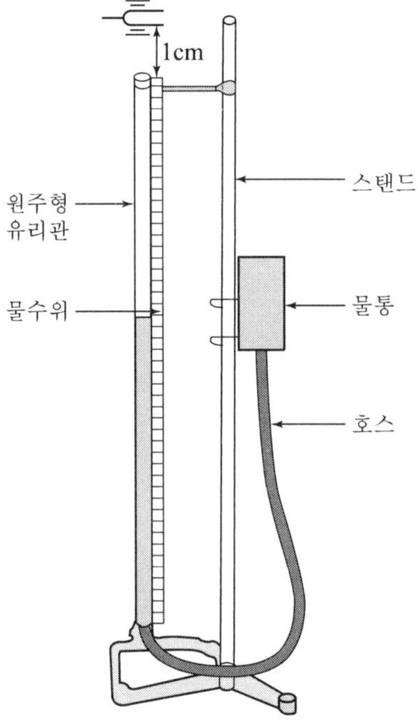

그림 11-2 기주공명 장치도

낮은 진동수를 가지는 소리굽쇠의 경우, 세 번째 공명위치 n_2가 들리지 않는다. 기주공명의 파장 λ는 아래식으로부터 구한다.

$$\lambda_1 = 2(n_1 - n_0)$$

$$\lambda_2 = 2(n_2 - n_1)$$

제출일 : 년 월 일 ※ 반드시 기재

학 부	학부	학 번		담당교수명	
성 명		조		수강시간	요일 교시

❖ 실험결과

실온 T :

(1) 진동수 f :

반복횟수 / 울림위치	1회	2회	3회	평균	λ	v	vT
n_0							
n_1							
n_2							

(2) 진동수 f : ______________ Hz

반복횟수 / 울림위치	1회	2회	3회	평균	λ	v	vT
n_0							
n_1							
n_2							

(3) 진동수 f : ______________ Hz

울림위치 \ 반복횟수	1회	2회	3회	평균	λ	v	vT
n_0							
n_1							
n_2							

(4) 진동수 f : ______________ Hz

울림위치 \ 반복횟수	1회	2회	3회	평균	λ	v	vT
n_0							
n_1							
n_2							

(5) 진동수 f : ______________ Hz

울림위치 \ 반복횟수	1회	2회	3회	평균	λ	v	vT
n_0							
n_1							
n_2							

❖ 토의사항 및 참고서적

실험 12

2차원 탄성 충돌 실험(선운동량 보존)

1. 실험목적

정지해 있는 쇠구슬에 다른 쇠구슬로 충돌시켜서 충돌 전후의 속력을 측정하여 선운동량을 구하고, 충돌 전후의 선운동량을 비교하여 선운동량 보존법칙을 이해한다.

2. 실험원리

운동량은 운동하는 물체가 갖는 관성으로 그 물체의 질량과, 그 물체가 가진 속도의 영향을 받는다($P = m\overrightarrow{V}$).

다른 힘이 선운동량의 구성에 영향을 주지 않는다고 가정하면 정지하고 있는 질량 m_2인 입자(쇠구슬)에 속도 $\overrightarrow{v_1}$로 충돌하게 되면 이 두 입자(쇠구슬)는 그림 12-1과 같

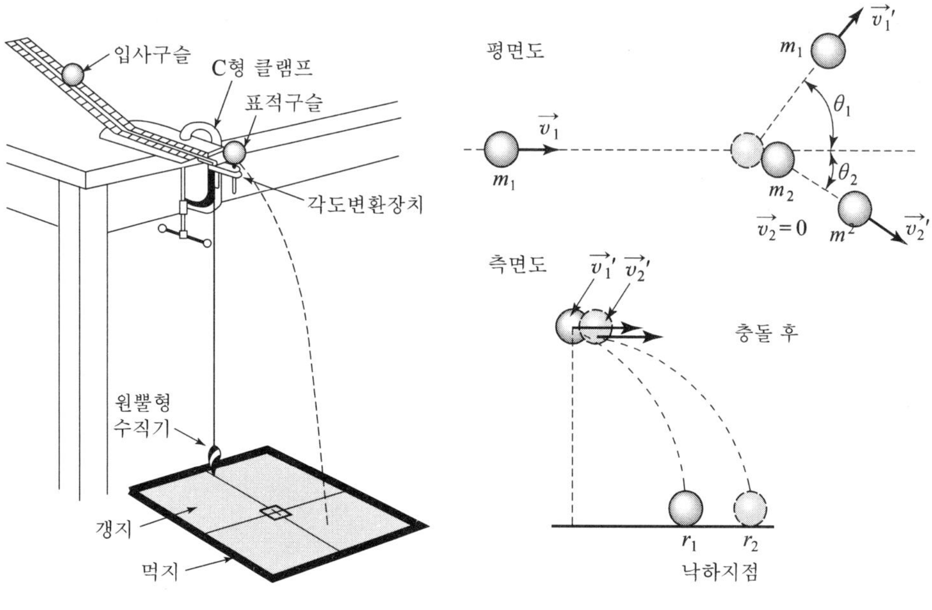

그림 12-1 선운동량 구성도 및 운동경로

이 m_2에 운동량을 전달해 주고, 또 각각 다른 방향으로 운동한다. 즉, 선운동량의 보존 법칙은

$$m_1\vec{v_1}+0=m_1\vec{v_1}'+m_2\vec{v_2}' \tag{1}$$

이다.

여기에 방향까지 고려 해 주면 식 (1)은 입사방향을 x-축, 입사방향의 직각방향을 y-축으로 하여 직각 좌표계 성분으로 표시하면

충돌전후x-성분 운동량 보존식 :

$$m_1\vec{v_1}=m_1\vec{v_1}'\cos\theta_1+m_2\vec{v_2}'\cos\theta_2 \tag{2}$$

충돌전후y-성분 운동량 보존식 :

$$0=m_1\vec{v_1}'\sin\theta_1-m_2\vec{v_2}'\sin\theta_2 \tag{3}$$

이다. 완전탄성 충돌하는 시스템으로 이루어 졌다면, 충돌 전후의 운동에너지는 보존된다. 그러므로

$$\frac{1}{2}m_1\vec{v_1}^2=\frac{1}{2}m_1\vec{v_1}'^2+\frac{1}{2}m_2\vec{v_2}'^2 \tag{4}$$

이다.

만약, 입사하는 입자(쇠구슬)질량 m_1과 정지하고 있는 입자(쇠구슬)질량 m_2이 같다면($m_1=m_2$) 식 (4)는

$$v_1^2=v_1'^2+v_2'^2 \tag{5}$$

이다. 그리고 진행방향은 직각($\theta_1+\theta_2=\frac{\pi}{2}$)을 이루게 된다.

만약에 진행방향과 속도 $v'\left(v_1'^2=v_2'^2\right)$가 같다면

$$m_1v_1=(m_1+m_2)v' \tag{6}$$

이 된다.

쇠구슬이 포물선 운동을 하게 되면, 다음 식을 이용하여 초기 속도를 계산할 수 있다. 수평거리를 r_0, 높이를 H, 지면에 도달하는데 걸리를 시간을 t라 한다면

$$H = \frac{1}{2}gt^2 = v_1 t$$

와 같은 식이 성립되고, 이 식을 정리하면

$$V_1 = \sqrt{r_0^2 \frac{g}{2H}} = r_0 \sqrt{\frac{g}{2H}} \tag{7}$$

이다.

3. 실험기구 및 장치

(1) 경사진 트랙 장치

(2) 질량이 같은 쇠구슬 2개

(3) 트렉에 설치된 원뿔형 수직기

(4) C형 클램프

(5) 갱지와 먹지

(6) 자

(7) 각도기

4. 실험방법

(1) 경사진 트랙을 실험대 끝에 C형 클램프로 고정하고 수직기, 갱지 및 먹지를 그림 12-1와 같이 장치한다.

(2) 질량이 비슷한 두 개의 쇠구슬을 표적구와 입사구로 선정한다

(3) 입사구와 표적구의 질량 (m_1, m_2)과 반경 (R_1, R_2)을 측정하여 기록한다.

(4) 그림에서 입사구슬의 높이를 정한 후(한번 정하면 실험이 끝날 때까지 그 위치에서 할 것.) 표적구 없이 입사구를 포물선 운동시켜 v_0를 구하고, 이때 입사구의 높이를 기록한다.

(5) 표적구 없이 입사구를 일정한 높이의 기준점에서 굴러내려 떨어진 장소와 수직기 끝점이 지시하는 지점과의 수평거리 r_0을 5회 측정하여 평균을 구한다.

(6) 과정 (5)의 측정값을 식 (7)을 대입하여 입사구의 속력 V_1을 구한다.

(7) 원뿔형 수직기를 이용하여 표적구슬을 트랙방향과 임의의 θ만큼 되도록 올려놓고, 입사구슬 트랙의 정상 에서 굴러내려 충돌시킨 후 두 공이 떨어진 지점에 먹지가 갱지에 표시하게 된다. 이때 충돌된 지점으로 먹지가 표시된 지점까지 갱지 위에 연결선으로 그린다. 이와 같은 과정을 5회 반복하여 평균을 구한다.

(8) 그림 12-1과 같이 수평거리 r_1과 r_2, 입사방향과 이루는 각 θ_1과 θ_2을 측정한다. 이와 같은 과정을 5회 반복하여 평균을 구한다.

(9) r_1, r_2, θ_1, θ_2로부터 충돌 후 입사구와 표적구의 속도 v_1'와 v_2'을 계산한다.

θ : 표적구와 입사구 각도, r_1 : 입사구 수평거리 r_2: 표적구 수평거리

θ_1: 충돌후 입사구 각도, θ_2: 충돌후 표적구 각도

v_1': 충돌후 입사구의 속도, v_2':충돌후 표적구의 속도

P_x: 충돌전 x성분 운동량, P_y:충돌전 y성분 운동량

P_x': 충돌전 x성분 운동량, P_y':충돌후 y성분 운동량

제출일 : 년 월 일 ※ 반드시 기재

학 부	학부	학 번		담당교수명	
성 명		조		수강시간	요일 교시

❖ 실험결과

입 사 구	질량(m_1)	
	반경(R_1)	
표 적 구	질량(m_2)	
	반경(R_2)	
수 직 거 리(H)		

1) 표적구가 없을 때

횟 수	질량 (m_1)	반경 (R_1)	수평거리 (r_0)	수직거리 (H)	$V_1 = r_0\sqrt{\frac{g}{2H}}$
1 회					
2 회					
3 회					
4 회					
5 회					
평균값					

2) 표적구가 있을 때(탄성충돌 운동량 보존 확인 실험)

횟 수	θ	r_1	r_2	θ_1	θ_2	$v_1{}' = r_1\sqrt{\frac{g}{2H}}$	$v_2{}' = r_2\sqrt{\frac{g}{2H}}$
1 회							
2 회							
3 회							
4 회							
5 회							

운 동 량 (식 2, 3 이용)				
충돌전		충돌후		ΔP
P_x	P_y	$P_x{}'$	$P_y{}'$	

❖ 토의사항 및 참고서적

실험 13

단진자를 이용한 에너지 보존 실험

1. 실험목적

중력장내에서(지구중력) 단진자로 위치에너지와 운동에너지의 변화에 따른 역학적 에너지가 보존의 성립 여부를 고찰한다.

2. 실험원리

물체가 중력장 내에서 힘($F = ma$)을 받으면 그 힘에 비례하는 가속도로 운동하게 되고, 이에 따른 일은 물체의 운동에너지의 변화와 같다. 그러므로 일-에너지 정리를 정리하면,

$$W = \int_{x_0}^{x} F(x)\,dx = \frac{1}{2}mv^2 - \frac{1}{2}mv_0^2 = K - K_0 \tag{1}$$

이 성립한다.

한 물체에 작용하는 힘이 보존한다면, 위치에 따른 위치에너지는,

$$\int_{x_0}^{x} F(x)dx = U_0(x) - U(x) \tag{2}$$

로 정의된다.

물체가 받는 힘 F_t는 운동하는 힘 F_c와 운동을 방해하는 힘 즉 마찰력과 같은 힘 F_n의 합으로 표현한다.

$$F_t = F_c + F_n \tag{3}$$

일-에너지 정리로부터

$$\int_{x_0}^{x} (F_c + F_n)\,dx = K - K_0 \tag{4}$$

따라서,

$$\int_{x_0}^{x} F_n dx = K - K_0 - \int_{x_0}^{x} F_c dx \tag{5}$$

식 (2)를 식 (5)에 대입하면,

$$\int_{x_0}^{x} F_n dx = K - K_0 + (U - U_0) \tag{6}$$

이다. 만일, 물체에 작용하는 힘을 방해하는 힘이 무시할 정도로 적으면

$$\int_{x_0}^{x} F_n dx = 0 \tag{7}$$

이므로, 식 (6)은 다음과 같다.

$$K - K_0 + (U - U_0) = 0 \tag{8}$$

이를 정리하면

$$K_0 + U_0 = K + U = \text{일정} \tag{9}$$

이다.

즉, 운동에너지와 위치에너지를 합한 총 역학적 에너지는 보존된다.

물체의 질량(m)을 중력장(g)내에서 그림 13-1과 같이 장치하여 실험하면 단진자(추)가 가장 낮은 지점에서 운동에너지가 최대가 되며, 그때의 운동에너지는 $\frac{1}{2}mv_x^2$가 되고 위치에너지는 단진자가 높이 h만큼 높이 있을 때는 가장 낮은 지점보다 $\Delta U = mgh$만큼의 에너지가 증가한다. 그러므로 단진자가 가장 낮은 지점에서 센서를 지날 때의 시간과 단진자의 반지름을 가지고 최대 속도를 계산할 수 있다.

$$v_x = \frac{d\ (\text{단진자의 지름})}{t\ (\text{센서 통과시간})} \tag{10}$$

이다.

이 계산 값은 운동에너지($\frac{1}{2}mv_x^2$)와 위치에너지(mgh)가

$$\frac{1}{2}mv_x^2 = mgh = \text{일정} \tag{11}$$

와 같이 성립하므로, 에너지 보존법칙의 성립여부를 검토할 수 있다.

3. 실험기구 및 장치

(1) 구형 추 (단진자)

(2) 포토게이트

(3) 자

(4) 스탠드

(5) 실

4. 실험방법

(1) 스탠드에 적당한 길이의 진자를 매단다.

(2) 구형 추의 중심이 포토게이트의 중앙을 지날 수 있도록 설치한다.
(진자를 운동시켰을 경우 포토게이트에 부딪히지 않도록 한다.)

(3) 구형 추의 지름(d)를 버니어 캘리퍼를 이용하여 측정한다.

(4) 진자 실험을 시작하는 높이(h)를 변화시켜가며 (포토게이트 중앙센서 부터의 높이) 진자를 놓 아 포토게이트의 중앙을 지나가게 한 다음 포토게이트에서의 시간(t)을 측정한 다.

(5) 높이를 변화시켜가며 20회 반복 실험한다.

(6) 구형 추의 지름과 시간을 측정 후 식 (10)을 이용하여 진자의 속력을 계산한다.

(7) 식 (11)을 이용하여 에너지가 보존되는지 확인한다.

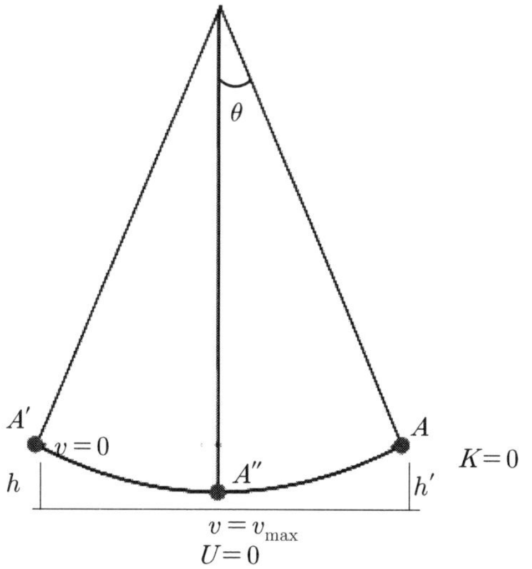

그림 13-1 단진자의 운동

진자의 초기 위치 측정

자 달린 망원경으로 (1) 또는 (2) 지점을 관측한 뒤, 구의 지름을 버니어 캘리퍼로 측정하여 초기 높이를 구한다.

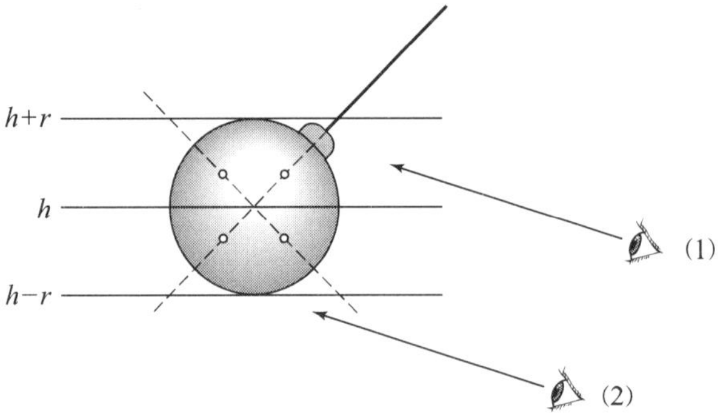

진자의 나중 위치 측정

단진자의 중심이 센서의 위치와 일직선상에 놓여 수평을 이루는 이 위치가 나중 높이이다.

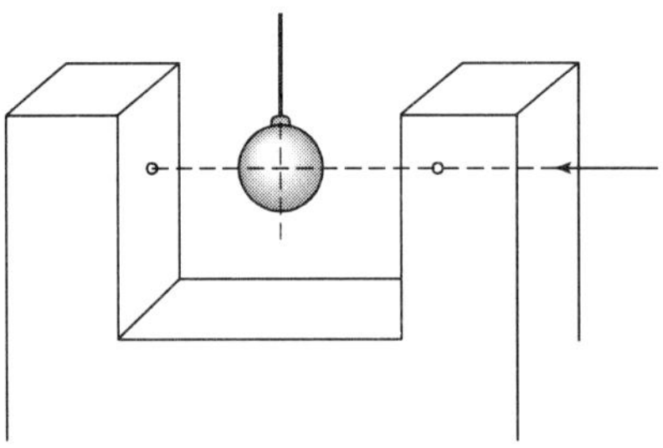

단진자를 이용한 에너지 보존 실험 결과 Report

제출일 :   년   월   일   ※ 반드시 기재

학 부	학부	학 번		담당교수명	
성 명		조		수강시간	요일 교시

❖ 실험결과

단진자의 지름(d) :

진자의 높이 h	위치에너지 ΔU	통과시간 t				진자의 속도 v_f'	운동에너지 ΔK	$\Delta U-\Delta K$
		1	2	3	평균			

❖ 토의사항 및 참고서적

실험 14

역학수레를 이용한 중력가속도 측정 실험

1. 실험목적

중력에 의해서 낙하하는 추에 연결된 수레의 운동을 관찰함으로써 가속도, 힘 및 질량의 관계를 알고 중력가속도를 측정한다.

2. 실험원리

뉴턴의 운동의 제 2법칙에 의하면 질량 m인 물체가 힘 F로 작용하면 이 물체의 가속도 a는 다음과 같은 관계식으로 표현된다.

$$F = ma \tag{1}$$

역학 수레에 의한 중력가속도 측정 장치 그림과 같은 장치에서 수레의 질량이 M_c이고, 추의 질량이 M_0일 때 수레가 등속 운동을 한다면(알짜힘이 0이므로),

$$M_0 g - f_k = 0 \tag{2}$$

이다. 여기서 g는 중력가속도이고 f_k는 운동 마찰력이다.

추와 추걸이의 질량이 $M_0 + M_a$일 때 수레의 가속도가 a라면,

$$(M_0 + M_a)g - f_k = (M_c + M_0 + M_a)a \tag{3}$$

이다.(단 에어트랙을 사용하고 마찰계수가 매우작은 값을 가지므로 f_k값 무시함)

식 (1)에 의하여 중력가속도 g는

$$g = \frac{M_c + M_0 + M_a}{M_0 + M_a} \times a \tag{4}$$

이다.

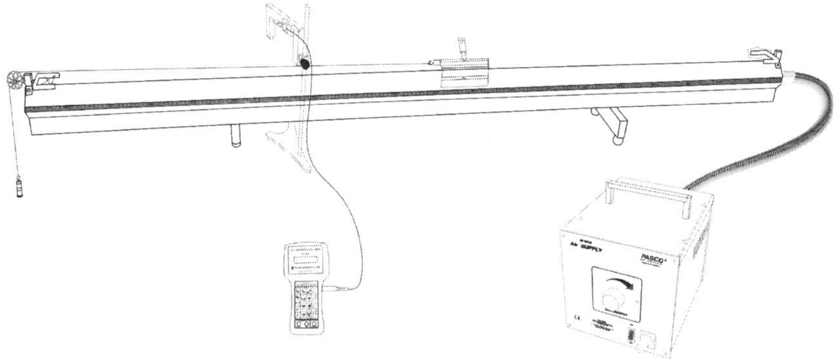

그림 14-1 역학수레를 이용한 중력가속도 측정

3. 실험기구 및 장치

(1) 에어트랙세트

(2) 역학수레

(3) 낙하용 추와 추걸이

(4) 포토게이트

4. 실험방법

(1) 그림 14-1과 같이 실험장치를 구성한다.

(2) Photo gate Timer를 작동한다.(순서대로 할 것)
전원장치를 켠다. → MEASURMENT 버튼을 한번눌러 화면에 Time이 표시되도록 한다. → MODE 버튼을 한번 눌러 화면에 One Gate가 표시되도록 한다.

* start버튼을 눌러 ! 표시가 뜨면 측정준비가 완료된다.
수레 위에 달려있는 U자형 날개가 Photo gate를 지나 측정이 되는지 확인한다.

(3) 수레와 추걸이(M_a)를 실로 연결한다. 낙하시킨 후 시간(t_0)을 기록한다.

(4) 추의 무게(M_0)를 바꾸어 가며, 실험 (3)과 같은 방법으로 실험한다.

(5) 추의 질량(M_0+M_a)와 수레의 질량 M_c을 저울로 측정하여 기록한다.

(6) 타이머에 기록된 시간(t_0)과 수레에 달려있는 날개의 길이(S)를 측정하여 기록한다.

(7) 측정된 시간(t_0)과 날개의 길이(S)를 이용하여 나중속도($v = \dfrac{S}{t_0}$)를 계산한다.

(8) 수레의 이동거리(s) 와 나중속도(v)를 이용하여 수레의 가속도(a)를 계산한다.

등가속도 운동 식 $2as = v^2 - {v_0}^2$ 이므로 $a = \dfrac{v^2}{2s}$ 이다.

(9) 측정된 가속도(a)를 식 (4)에 대입하여 중력가속도(g)를 계산하여 기록하고, 표준 값(실험 책의 뒤쪽 부록에 있는 물리상수를 참조)과 비교하여 본다.

제출일 : 년 월 일 ※ 반드시 기재

학 부	학부	학 번		담당교수명	
성 명		조		수강시간	요일 교시

❖ 실험결과

수레의 질량 (M_c) :

추결이의 질량 (M_a) :

날개의 길이 (S) :

횟수	추질량 M_0	시간 t_0	나중속도 v	이동거리 s	수레가속도 a	중력가속도 g	오차율
1							
2							
3							
4							
5							
6							
7							
8							
9							
10							

❖ 토의사항 및 참고서적

실험 15

단현의 진동수 측정 실험

1. 실험목적

양끝이 고정된 현을 전자석으로 진동하여 정상파를 만들어서 전자석으로 교류 주파수를 측정한다.

2. 실험원리

그림 15-1과 같이 고정자로 현의 양쪽 끝을 고정하여 전자석으로 임의의 한쪽을 진동시키면 현을 따라 다른 쪽 끝에 부딪혀 반사되어 같은 진동수와 같은 진폭을 가진 파동이 역상 되고, 이는 보강, 상쇄되어서 비행접시 같은 정상파(n)가 나타난다. 다시 말하면 적당한 조건이 만족되면(공명상태)현에는 이 두파동이 합성파인 정상파가 형성한다.

현(선밀도)의 밀도 ρg/cm인 줄을 장력 Tdyne으로 가할 때 현을 따라 전달되는 횡파의 속도 v는

$$v = \sqrt{T/\rho}\,(\text{cm/sec}) \tag{1}$$

이다. 여기서 장력 T는 추와 추걸이의 질량을 각각 M, m이라 할 때

$$T = (M+m)\,g(\text{dyne}) \tag{2}$$

이다.

한쪽 전자석의 중심부에서 다른 쪽의 전자석의 중심부까지 길이 $l$cm와 정상파의 파장 λ의 관계는

$$\lambda = \frac{2l}{n}\,(n = 1,\ 2,\ 3, \ldots) \tag{3}$$

이 성립한다. 여기서 접시모양의 정상파(n)은 $n=1$일 때 현의 기본파이다.

$n=$ 2,3,...... 는 기본파의 1배, 2배, ……가 된다. 이때 진동수 f는

$$f=\frac{v}{\lambda}=\frac{n}{2l}\sqrt{\frac{T}{\rho}} \tag{4}$$

이 성립한다.

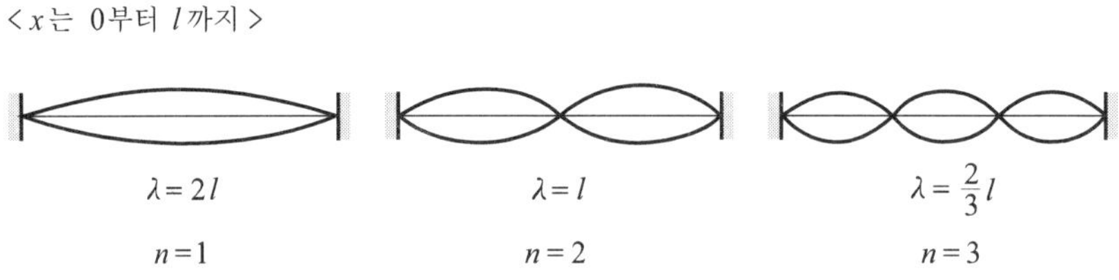

그림 16-1 정상파 형성

3. 실험기구 및 장치

(1) Sonometer

(2) 추걸이와 추 세트

(3) 교류전자석

(4) 함수 발생기

4. 실험방법

(1) 그림 15-2와 같이 구성한다. 두 Bridge 사이의 간격은 60cm로 고정시키며, Driver coil은 인접 Bridge로부터 5cm 띄우고 Detector coil은 중앙에 근접하게 위치시킨다. 또한 그림 15-3을 참고하여 추 무게의 계산값이 1.75kg을 넘지 않도록 한다.

(2) 전원을 켜서 작동시킨 후 함수발생기의 주파수를 변화시켜 가면서 정상파(기본파)를 만든다.

(3) 오실로스코프에 나타난 주기와 주파수 f_c를 기록하고 실험값과 식 (4)를 이용하여 주파수 f를 구한다. (오실로스코프가 없을 경우, 함수 발생기의 주파수로 계산한다.)

(4) 추의 무게를 변화시켜서 실험(1) 실험(2)를 반복한다.

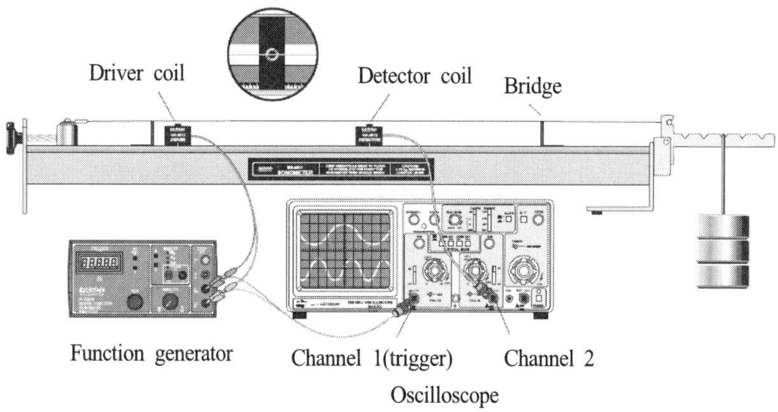

그림 15-2 Sonometer를 이용한 진동수 측정 실험

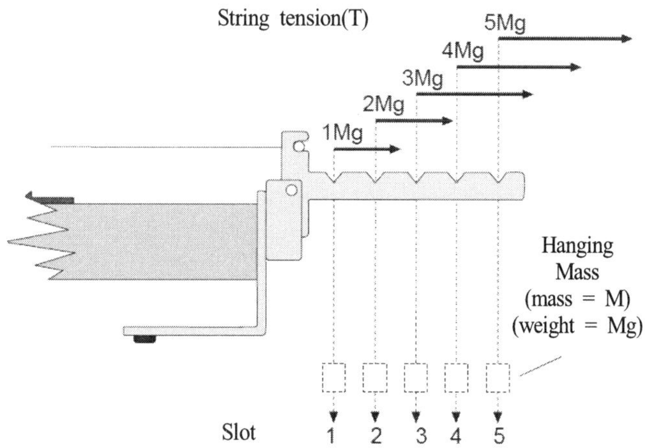

그림 15-3

제출일 : 년 월 일 ※ 반드시 기재

학 부	학부	학 번		담당교수명	
성 명		조		수강시간	요일 교시

❖ 실험결과

현의 선밀도(ρ) =

횟수	오실로스코프의 진동수 f_c	추질량 M	장력 T	현의 길이 l	배의수 n	현의 진동수 f
1						
2						
3						
4						
5						
6						
7						
8						
9						
10						

❖ 토의사항 및 참고서적

실험 16

액체의 밀도 측정 실험(Hare 장치)

1. 실험목적

Hare의 장치를 이용하여 액체의 밀도를 측정한다.

2. 실험원리

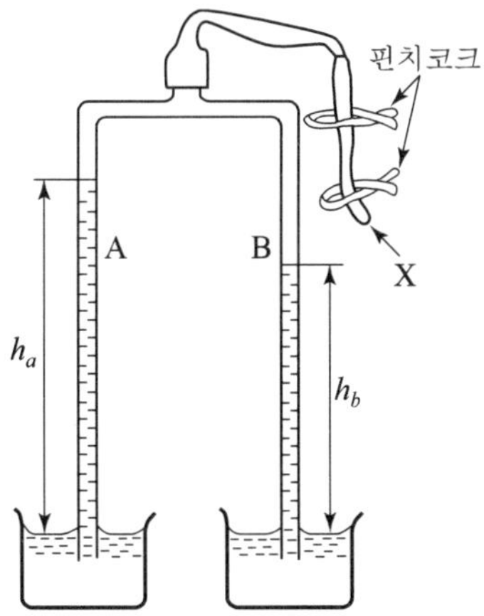

그림 16-1 Hare 장치

그림 16-1과 같이 U자형의 유리관 A, B를 두 종류의 액체내에 잠기도록 세우고, 고무관 X를 통하여 관속의 공기를 조금씩 빨아내면 비이커의 액체들은 유리관을 타고 올라간다.

이 때 A와 B의 액면의 높이를 각각 h_a, h_b 그리고 액체의 밀도를 각각 ρ_a, ρ_b라하고 관속의 공기의 압력을 P라 하면

$$\rho_a g h_a + P = \rho_b g h_b + P \tag{1}$$

이고, 식 (1)은 대기압과 같으므로 재정리하면

$$\rho_a = \frac{h_b}{h_a}\rho_b \tag{2}$$

임을 알 수 있다.

다음으로 핀치코크를 이용하여 h_a, h_b를 조금 내려오게 해서 그때의 A와 B의 액면의 높이를 각각 h_a', h_b'라하고 이때의 유리관 내의 압력을 P'라 하면

$$\rho_a g h_a' + P' = \rho_b g h_b' + P' \tag{3}$$

이고, 식 (1)과 식 (3)을 정리해보면

$$\rho_b = \frac{h_a - h_a'}{h_b - h_b'}\rho_a \tag{4}$$

임을 알 수 있다.

따라서, 한 액체의 정해진 온도에서의 밀도를 알면 위 식 (4)를 이용하여 다른 액체의 밀도를 구할 수 있다.

3. 실험기구 및 장치

(1) 증류수

(2) 액체시료

(3) Hare 장치, 필러

(4) 온도계

(5) 비이커(2개)

4. 실험방법

(1) 깨끗이 닦은 비이커와 Hare 장치를 그림 16-1과 같이 장치한다.
(비이커의 바닥에 유리관이 닿지 않도록 5mm 정도 떨어지게 한다.)

(2) 비이커에 각각 증류수와 액체시료를 채운다.(80%~90%)

(3) 증류수의 온도와 액체시료의 온도를 측정한다.

(4) 고무관 X를 통하여 필러로 공기를 빨아들여서 높이 올라간 시료 중 증류수의 액면 높이가 2/3정도 되게 한다.

펀치코크를 대신해서 필러라는 흡입기를 사용한다.

※ 필러 사용법

1. A 구슬은 내부에 공기를 넣거나 뺄 때 사용한다.
2. S 구슬은 액체를 흡입할 때 사용한다.
3. E 구슬은 약간의 공기를 주입하여 액체의 높이를 낮출 때 사용한다.
4. 주의 :

   ① 액체가 필러 내부에 유입될 경우 사용할 수 없으므로 구슬 S의 사용에 유의 해야 한다.

   ② 만일 두 시료가 섞이면 버리고 실험 (1)부터 다시 한다.

(5) h_a와 h_b를 측정하여 기록한다.
 (액면이 오목하면 오목한 곳을, 볼록하면 볼록한 곳을 액면의 높이로 측정한다.)

(6) 필러를 이용하여 약간의 공기를 들어가게 하여 액면의 높이를 조금 낮춘다.(필러 E 구슬을 살짝 열었다 닫으면 약간의 공기만이 들어간다.)

(7) h_a'와 h_b'를 측정하여 기록한다.

(8) 실험 (4)-(7)을 10회 반복하여 기록한다.

(9) 두 시료의 온도를 다시 측정하여 처음온도와 비교하여 평균을 낸다.

(10) 식 (4)를 이용하여 액체시료의 밀도를 구한다.

표 16-1 온도 별 물의 밀도

온도(℃)	밀도(g/cm^2)	온도(℃)	밀도(g/cm^2)
−13	0.99693	20	0.99823
−10	0.99794	30	0.99568
−5	0.99918	40	0.99225
0	0.99987	50	0.98807
2	0.99993	60	0.98324
4	1.00000	70	0.97781
6	0.99997	80	0.97183
8	0.99988	90	0.96534
10	0.99973	100	0.95858

표 16-2 에탄올 밀도(kg/l or g/cm^3)

온도	밀도	온도	밀도	온도	밀도
3℃	0.80374	16℃	0.79283	29℃	0.78182
4℃	0.80290	17℃	0.79198	30℃	0.78097
5℃	0.80207	18℃	0.79114	31℃	0.78012
6℃	0.80123	19℃	0.79029	32℃	0.77927
7℃	0.80039	20℃	0.78945	33℃	0.77841
8℃	0.79956	21℃	0.78860	34℃	0.77756
9℃	0.79872	22℃	0.78775	35℃	0.77671
10℃	0.79788	23℃	0.78691	36℃	0.77585
11℃	0.79704	24℃	0.78606	37℃	0.77500
12℃	0.79620	25℃	0.78522	38℃	0.77414
		39℃	0.77329	40℃	0.77244

제출일 : 년 월 일 ※ 반드시 기재

학 부	학부	학 번		담당교수명	
성 명		조		수강시간	요일 교시

❖ 실험결과

증류수의 온도 : ℃

액체시료의 온도 : ℃

	증류수			액체시료			ρ_b
	h_a	h_a'	$h_a - h_a'$	h_b	h_b'	$h_b - h_b'$	
1 회							
2 회							
3 회							
4 회							
5 회							
6 회							
7 회							
8 회							
9 회							
10 회							
평 균							

액체 시료의 밀도값 :

❖ 토의사항 및 참고서적

실험 17

전기저항 측정 실험(Wheatston Bridge)

1. 실험목적

Wheatstone Bridge를 이용하여 미지의 전기저항을 측정하고 이를 통해 Wheatstone Bridge의 구조와 원리를 숙지한다.

2. 실험원리

Wheatstone 브리지는 저항 R_1, R_2, R_x, R_k를 그림 17-1과 같이 연결하고 B점과 D점 사이에 검류계 G를 연결하고 두 점 사이의 전위차를 알 수 있게 한 장치이다. R_x는 우리가 측정하려는 미지저항, 그리고 R_s는 기지저항으로 정확한 값을 알고 있는 저항이다.

그림 17-1의 회로에서 저항 R_1과 R_2의 값을 적당히 선택하면 B점과 D점 사이에 등전위가 되어 전류가 흐르지 않는다. BD 사이에 전류가 흐르지 않으므로 R_1과 R_2에 같은 전류 I_1이 흐르며, R_s와 R_x에도 같은 전류 I_2가 흐른다. 이로부터 각 저항 양단의 전위차는

$$
\begin{aligned}
R_1 &: V_{AD} = I_1 \cdot R_1 \\
R_2 &: V_{CD} = I_1 \cdot R_2 \\
R_k &: V_{AB} = I_2 \cdot R_k \\
R_x &: V_{BC} = I_2 \cdot R_x
\end{aligned} \tag{1}
$$

이며, $V_{AB} = V_{AD}$, $V_{BC} = V_{CD}$로부터

$$
\begin{aligned}
I_1 R_2 &= I_2 R_x \\
I_1 R_1 &= I_2 R_k
\end{aligned} \tag{2}
$$

가 성립된다. 식 (2)로부터

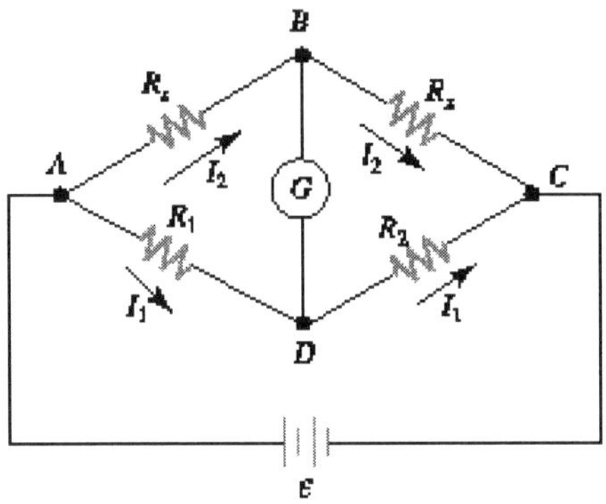

그림 17-1 휘스톤브리지

$$\frac{I_1}{I_2} = \frac{R_x}{R_2} = \frac{R_k}{R_1} \tag{3}$$

$$R_x = \frac{R_2}{R_1} R_k$$

의 관계식을 얻을 수 있다. 따라서 미지저항값 R_x는 R_k의 값과 두 저항의 비 R_2/R_1를 알면 구할 수 있다.

그림 17-2와 같은 Ready-Set Wheatstone 브리지에서 R_{V1}과 R_{V2}는 직경 ϕ, 비저항

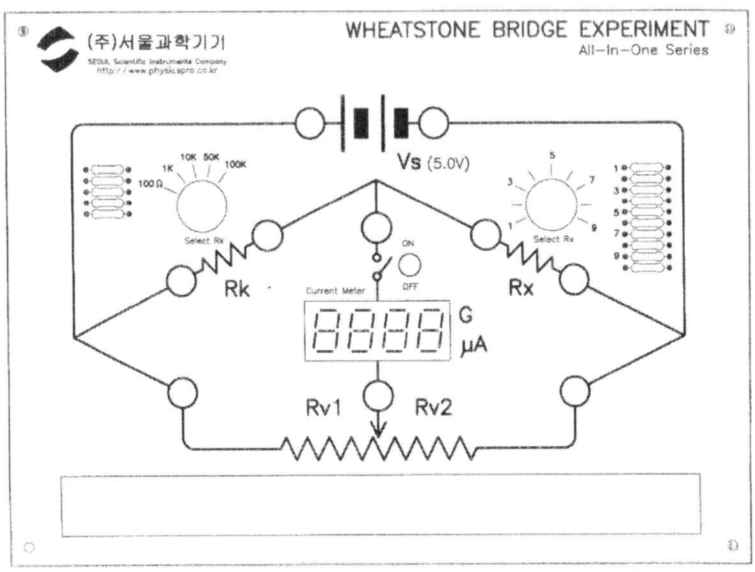

그림 17-2 Ready-Set 휘스톤브리지

이 ρ인 균일한 저항선으로 감겨진 직경 D를 가지는 솔레노이드형 습동저항선으로 저항 R_{V1}의 길이가 l_1, 저항 R_{V2}의 길이가 l_2라면 각 저항값은

$$R_{V1} = \rho \frac{1}{\pi(\phi/2)^2} \pi D \frac{l_1}{\phi} = 4\rho \frac{D}{\phi^3} l_1 \ , \qquad R_{V2} = \rho \frac{1}{\pi(\phi/2)^2} \pi D \frac{l_2}{\phi} = 4\rho \frac{D}{\phi^3} l_2$$

이다. 그러므로 두 저항의 비 R_2/R_1는

$$\frac{R_2}{R_1} = \frac{l_2}{l_1} \tag{4}$$

이며, 식 (4)를 식 (3)에 대입하면 미지의 저항 R_x는

$$R_x = \frac{l_2}{l_1} R_k \tag{5}$$

로 주어진다. 따라서 습동저항선의 두 길이 l_1과 l_2를 측정하고 기지저항 R_k로부터 미지저항 R_x를 구할 수 있다.

$$D = l_1 + l_2 \tag{6}$$

3. 실험기구 및 장치

Ready-Set 휘스톤브리지 실험장치

(1) 직류전원장치 5V

(2) 기지저항 100Ω, 1kΩ, 10kΩ, 50kΩ, 100kΩ 5Step

(3) 수백Ω～수십kΩ 12Step

(4) 디지털검류계 1㎂

(5) 습동저항선 20cm

(6) 측정용버어니어캘리퍼스

4. 실험방법

(1) Ready-Set 휘스톤브리지 실험기구를 준비하고, 전원을 연결한다. 전압은 5V로 고정되어 있다.

(2) R_x의 다이얼을 돌려 미지저항 1번을 선택하고, 검류계의 스위치를 ON에 위치시킨다.

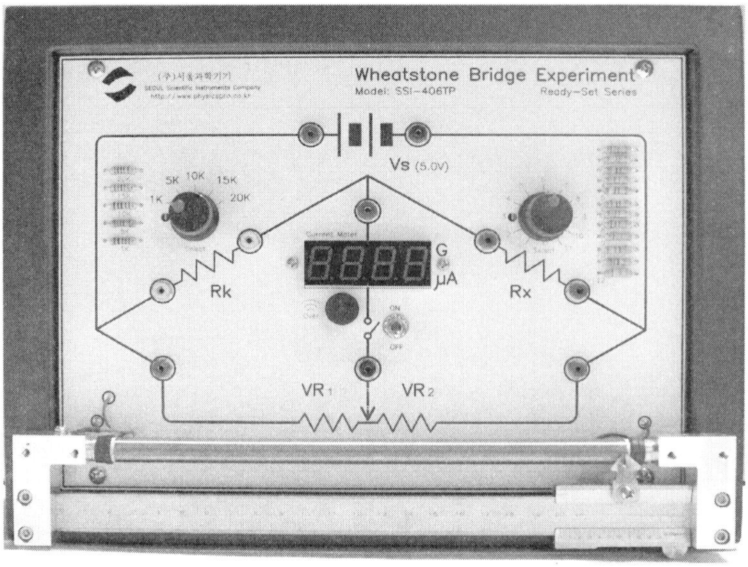

그림 18-3 올인원 휘스톤브리지 실험장치

(3) 솔레노이드형 습동저항선 단자의 위치를 중앙 정도에 두고, R_k의 다이얼을 돌려 경보음이 들리지 않도록 R_k를 선정한다. 이러한 R_k값이 없으면 최대한 중앙에 가까운 쪽으로 R_k를 선정한다.

〈참고〉

본 실험장치는 검류계에 일정이상의 전류가 흐르면 경보음을 주도록 설계되어 있으며, 실험은 가변 저항의 양 극단 보다는 중앙 근처에서 행해지는 것이 유리하다. 양 극단에서의 실험값은 가변저항의 길이에 따른 전압을 측정하여 그 관계 그래프를 통하여 보정하는 것이 좋다.

(4) 습동저항선 단자의 위치를 조정하여 검류계의 눈금값이 0이 되도록 조정하고, 이 때의값을 부착된 버어니어캘리퍼스를 통하여 읽는다. 버니어캘리퍼스를 통해 찾은 검류계의 눈금값이 0이 된 지점이 VR_1과 VR_2를 나누는 기준선이다.

(5) 식 (5)로 부터 미지저항값을 계산하고 기록한다.

(6) R_x의 다이얼을 돌려 미지저항의 번호를 차례로 2번~12번짜지 변화시키면서, 3)~5)의 과정을 반복한다.

〈 기지저항 읽는 방법 〉

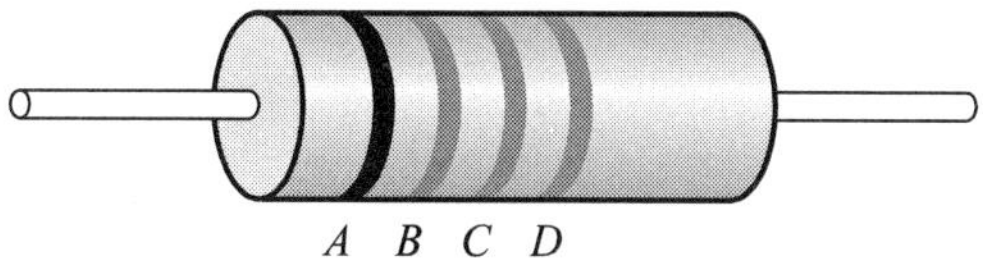

구분 / 색	A	B	C	D
검은색	0	0	0	
갈 색	1	1	1	
빨 강	2	2	2	
주 황	3	3	3	
노 랑	4	4	4	
초 록	5	5	5	
파 랑	6	6	6	
보 라	7	7	7	
회 색	8	8	8	
흰 색	9	9	9	
무 색				20%
은 색				10%
금 색				5%

저항값 $= (AB \times 10^{C} \Omega) \pm D\ \%$

ex) 저항 코드가 검은색, 갈색, 빨강색, 금색 일 때는 $(01 \times 10^{2} \Omega) \pm 5\%$
즉, 100Ω이 된다. (뒤의 오차는 무시되어도 된다.)

전기저항 측정 실험(Wheatston Bridge) 결과 Report

제출일 : 년 월 일 ※ 반드시 기재

학 부	학부	학 번		담당교수명	
성 명		조		수강시간	요일 교시

❖ 실험결과

저항종류 / 미지저항	R_k 값 기지저항	l_1	l_2	R_x	R_x 이론값 (색코드)
1 번					
2 번					
3 번					
4 번					
5 번					
6 번					
7 번					
8 번					
9 번					
10 번					
11 번					
12 번					

❖ 토의사항 및 참고서적

실험 18

선팽창 계수 측정 실험

1. 실험목적

금속에 열을 가하면 원자 진동의 평균 진폭이 커져서 원자간의 평균 거리가 커진다. 이를 실험으로 알아보고 선팽창 계수를 구하여 본다.

2. 실험원리

대부분의 물체는 온도가 상승함에 따라 그 물체를 형성하고 있는 분자들의 열 운동에 의해 팽창을 한다. 따라서 금속 막대는 열을 받으면 그 길이가 늘어날 것이다. 여러개의 금속 막대를 이용하여 열에 의한 선팽창 계수 α의 값을 측정할 수 있다.

어떤 금속 막대의 0℃의 길이를 L_0라 하면, 온도에 따라 그 길이가 변하므로 t℃ d에서 이 막대의 길이 L은

$$L = L_0(1 + \alpha t + \beta t^2 + \gamma t^3 + L) \tag{1}$$

으로 나타낼 수 있다. 여기서 α, β, γ, …는 물질의 특성에 관계되는 매우 작은 값의 상수이다. 그러나 β 이하의 항은 α에 비해 매우 작아서 측정하고자 하는 온도 범위 내에서는 무시할 수 있다. 따라서 식 (1)은

$$L = L_0(1 + \alpha t) \tag{2}$$

$$\alpha = \frac{L - L_0}{L_0 t} \tag{3}$$

이 된다. 이 α는 0℃와 t℃ 사이 에서의 평균 선팽창 계수로서, 고체의 경우 대개 10^{-5} 1/℃ 정도의 값을 갖는다.

그러나, 일일이 0℃일 때의 길이를 재는 것이 곤란하기 때문에, 임의의 두 온도 t_1,

t_2일 때의 길이 L_1, L_2를 측정하여 비교하면,

$$\frac{L_2}{L_1} = \frac{L_0(1+\alpha t)}{L_0(1+\alpha t_1)} = (1+\alpha t^2)(1-\alpha t^2+\alpha^2 t_1^2+\cdots) \tag{4}$$

가 된다. α^2 이상의 항을 무시하면

$$L_2 = L_1[1+\alpha(t_2-t_1)] \tag{5}$$

가 된다. 따라서 선팽창 계수는

$$\alpha = \frac{L_2-L_1}{L_1(t_2-t_1)} = \frac{\Delta L}{L_1 \Delta t} \tag{6}$$

으로 부터 구할 수 있다.

3. 실험기구 및 장치

(1) 선팽창 계수 측정장치
(2) 증기 발생기
(3) 금속막대(철, 구리, 알루미늄)
(4) 디지털 온도계
(5) 다이알 게이지
(6) 고무관
(7) 비이커

4. 실험방법

(1) 그림 18-1과 같이 장치를 설치한다
(2) 금속막대의 길이를 잰 후 선팽창 계수 측정 장치에 설치한다.
(3) 다이알 게이지와 시료의 반원 형태의 부분이 잘 닿았는지 확인하고 다이알 게이지의 영점을 조절 하도록 한다.
(4) 수증기 발생기에 물을 $\frac{2}{3}$ 정도 채운 후 선 팽창 계수 측정장치 시료와 고무관으로 연결한다.

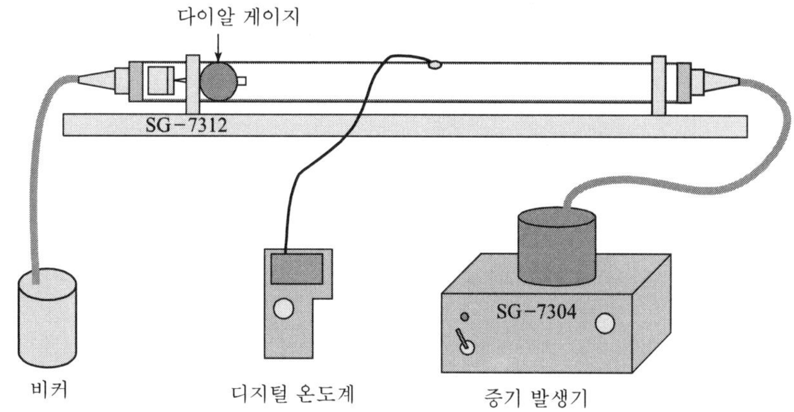

그림 18-1

(5) 금속 시료에 디지털 온도계를 장치한다.

(6) 가열된 수증기가 나오는 위치에 고무관을 연결하여 비커로 받쳐 놓는다.

(7) 수증기 발생기를 가열하기 전의 온도(t_1)과 마이크로미터의 눈금(a_1)을 읽는다.

(8) 가열기를 100℃로 설정하고, 물을 가열한다. 더이상 온도가 올라가지 않을 때의 온도 (t_2)와 다이알 게이지 의 눈금(a_2)를 정확히 읽어 평균값을 얻는다. (단, 증기 발생기의 한쪽은 막는다.)

(9) 식 (5)를 이용하여 선팽창 계수를 계산한다.

(10) 사용한 시료를 식히며, 다른 시료를 택하여 이의 과정을 되풀이 하여 선팽창 계수를 계산한다. (이때 온도와 길이를 증기발생기에 연결하기 전에 측정하고 연결한다.)

(11) 시료의 선팽창 계수 이론값과 실험값을 비교한다.

〈 $T_0 = 20℃$ 일 때 금속 시료의 선팽창계수 이론값 〉

철: $12 \times 10^{-6} K^{-1}$

알루미늄: $22.5 \times 10^{-6} K^{-1}$

구리 : $16 \times 10^{-6} K^{-1}$

선팽창 계수 측정 실험 결과 Report

제출일 : 년 월 일 ※ 반드시 기재

학 부	학부	학 번		담당교수명	
성 명		조		수강시간	요일 교시

❖ 실험결과

1) 시료의 종류 : 철

시료의 길이(L) :

횟 수	온도			다이얼게이지눈금			$L\times \Delta t$	$\alpha = \frac{\Delta L}{L\times \Delta t}$
	t_1	t_2	Δt	a_1	a_2	ΔL		
1 회								
2 회								
3 회								
평 균								

2) 시료의 종류 : 구리

시료의 길이(L) :

횟 수	온도			다이얼게이지눈금			$L\times \Delta t$	$\alpha = \frac{\Delta L}{L\times \Delta t}$
	t_1	t_2	Δt	a_1	a_2	ΔL		
1 회								
2 회								
3 회								
평 균								

3) 시료의 종류 : 알루미늄

시료의 길이(L) :

횟 수	온도			다이얼게이지눈금			$L \times \Delta t$	$\alpha = \frac{\Delta L}{L \times \Delta t}$
	t_1	t_2	Δt	a_1	a_2	ΔL		
1 회								
2 회								
3 회								
평 균								

❖ 토의사항 및 참고서적

실험 19

구심력 측정 실험

1. 실험목적

어떤 물체가 일정한 각속도로 원운동하는 동안 그 물체에 작용하는 구심력을 측정한다.

2. 실험원리

질량이 m인 물체가 반경 r인 원주상을 속력 v로 원운동을 하게 하려면 원의 중심으로 향하는 힘 F가 필요하다. 이 힘을 구심력(centripetal force)이라 하며 다음과 같이 표현할 수 있다.

$$F = \frac{mv^2}{r} = mrw^2 \tag{1}$$

여기서 v는 물체의 속도이고 w는 각속도이다.($v = \gamma\omega$)
속도와 주기 사이에는 다음과 같은 관계가 있다.

$$v = \frac{2\pi r}{T} \tag{2}$$

따라서 구심력을 주기의 함수로 나타내면 다음과 같다.

$$F = \frac{4\pi^2 mr}{T^2} \tag{3}$$

3. 실험기구 및 장치

(1) 회전스탠드
(2) 중앙 표시 기둥
(3) 측면 추걸이 기둥

(4) 3중고리 달린 추, 50g 추
(5) 클램프 달린 도르래
(6) 실
(7) 버니어 캘리퍼스
(8) 저울
(9) 포토게이트 타이머 시스템

4. 실험방법

1) 구심력이 변할 때(회전반경 일정, 삼중고리 추 질량 일정)

(1) 삼중고리 추의 질량을 재어 표에 기록한다.
(2) 그림 19-1과 같이 삼중고리 추를 세로 기둥에 매달고, 한쪽 고리는 중심 기둥의 용수철에 반대쪽 고리는 회전대의 끝에 있는 도르래를 통해 질량이 정해진 추에 매단다.
(3) 세로 기둥의 위치를 고정시키고 물체를 매단 실이 세로 기둥에 그어진 수직선과 일치하도록 중심 기둥의 용수철 조절 나사를 조정한다.
(4) 중심 기둥의 지시자의 위치를 조정하여 수평 표시와 일치시키고, 도르래와 도르래에 걸쳐있던 고리를 제거한다.

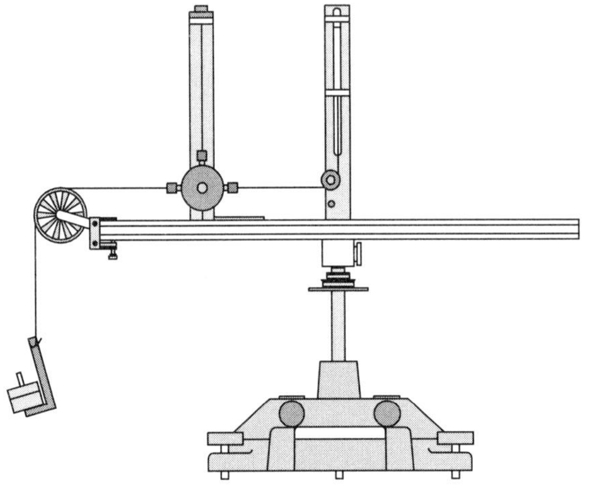

그림 19-1 구심력 실험장치

(5) DC 모터의 전압을 서서히 증가시켜 중앙 표시기둥의 표시 지침이 기준점에 도달하게 한다.(5V를 넘기지 않도록 한다.

(6) 이 때 타이머를 구동시켜 회전주기를 측정하도록 한다.

전원장치를 켠다 → MEASURMENT 버튼을 네 번 눌러 화면에 Count가 표시되도록 한다.→ MODE 버튼을 한번 눌러 화면에 30sec가 표시되도록 한다. → START 버튼을 눌러 실 험을 하도록 한다.

(7) 물체의 위치가 추를 걸었을 때와 같으므로 추의 무게가 구심력과 같다. 추의 질량에 중력가속도를 곱하여 구심력을 계산한다.($F = Mg$)

회전 주기 계산방법

타이머를 구동시켜서 얻게 되는 값은 30초 동안의 슬릿의 통과횟수이다.
슬릿은 한바퀴에 10개의 슬릿을 돌게 된다.
만약 30초 동안 100개의 슬릿을 통과했다면, 30초 동안 10회전 한 것으로 주기는 1회전 3초가 되는 것이다

(8) 구심력을 변화시키기 위해서 세로 기둥의 위치는 바뀌지 않고 회전대에 추의 질량을 바꾸어 위 과정을 되풀이해 그때의 주기와 구심력을 기록한다.

(9) 주기와 구심력을 이용해 식 (3)으로 그래프를 그리고 기울기로부터 삼중고리 추의 질량을 계산한다.

(10) 실제 삼중고리의 질량과 비교하여 오차율을 기록한다.

2) 삼중고리추의 질량이 변하는 경우(회전반경 일정, 추 질량 일정)

(1) 실험 1)의 (1)-(6)의 과정을 반복한다.

(2) 물체의 위치가 추를 걸었을 때와 같으므로 추의 무게가 구심력과 같다. 추의 질량에 중력 가속도를 곱하여 구심력을 계산한다.($F = Mg$)

(3) 삼중 고리 추의 질량을 변화시켜 가며 위 과정을 되풀이하여 식 (3)을 통해 구심력을 구하고 질량과 중력가속도로 구한(실험방법2)의 구심력과 비교하여라.

※ 삼중고리추의 질량을 변화시키는 방법

가운데 검은 나사를 풀은 후 사용하고자 하는 질량의 추를 끼운후 나사를 조인다.

구심력 측정 실험 결과 Report

제출일 : 년 월 일 ※ 반드시 기재

학 부	학부	학 번		담당교수명	
성 명		조		수강시간	요일 교시

❖ 실험결과

1) 구심력이 변할 때 삼중고리의 질량 측정

삼중고리추와 회전축 사이의 거리(반경 r) :

삼중고리추의 실제 질량 :

추의질량 (M)	구심력 (Mg)	30초당 회전수				주기 (T)	삼중고리의 질량 $m=\frac{T^2}{4\pi^2 r}Mg$
		1 회	2 회	3 회	평 균		

2) 삼중고리 추의 질량이 변화할 때

삼중고리 추와 회전축 사이의 거리(반경 r) :

추의 질량(M) :

중량($F = Mg$) :

삼중고리 추의 질량 (m)	30초당 회전수				구심력 $F = \frac{4\pi^2 mr}{T^2}$
	1 회	2 회	3 회	평 균	

❖ 토의사항 및 참고서적

실험 20

자기력 측정(전류천칭)

1. 실험목적

균일한 외부 자기장 내에서 도선에 전류가 흐를 때 전류도선이 받는 힘(자기력)을 측정하여 자기력, 전류, 도선의 길이, 자기장의 세기의 관계를 살펴보고 전동기와 발전기의 원리를 이해한다.

2. 실험원리

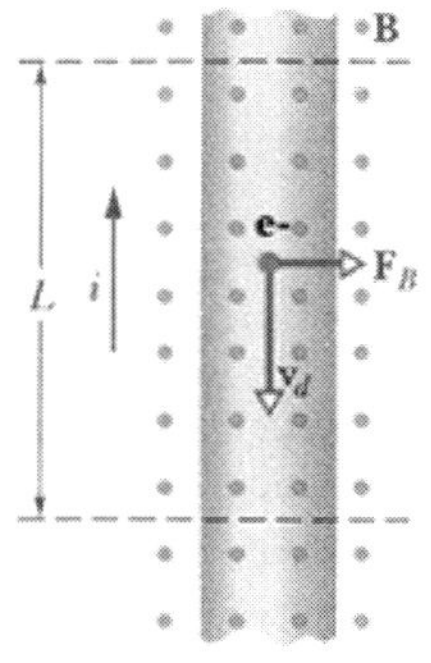

그림 20-1 전자에 작용하는 자기력

전류는 운동전하의 집합이다. 그림 21-1은 외부 자기장 B내에서 전류 I가 흐르는 길이 L의 도선을 나타낸다. 금속 도선 속의 전류 I는 전도전자에 의하여 운반되는데, 이러한 전도전자들에 작용하는 힘은 로렌츠 법칙에 의해

$$F = qv \times B$$

로 주어진다. 주어진 시간 $t(\frac{L}{v_d})$동안 도선의 단면을 통과하는 전하량은 $q = I \cdot t = I\frac{L}{v_d}$

(v_d:전자의 유동속도) 이므로 $F_B = qv_dBsin\theta = (I\frac{L}{v_d})v_dBsin90^0$이 되고, 도선이 받는 힘은 $F_B = ILB$이다. 그러므로 전류의 크기를 I, 도선의 길이를 L, 자기장의 세기를 B, 자기장과 도선 사이의 각을 θ라 하면 자기장에서 전류가 흐르는 도선이 받는 힘의 크기와 방향은 벡터외적에 의해 다음과 같이 표현 된다.

$$F_B = IL \times B \tag{1}$$

전동기와 모터의 근본 힘은 식(1)과 같이 자기장내에서 도선에 전류가 흐를 때 생기는 힘, 즉 자기력이다.

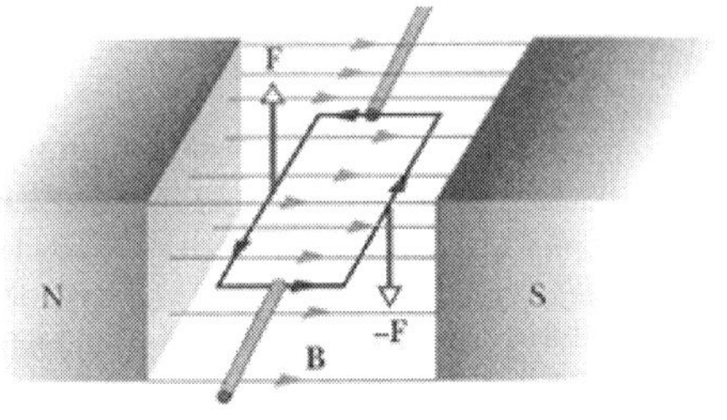

그림 20-2 전동기의 원리

그림 20-2와 같이 자기장내에서 전류도선을 4각형 형태로 만들고 전류를 흘리면 우측도선은 $-F$, 좌측도선은 F의 힘을 받아 4각 도선은 중심축에 대해 회전하려 할 것이다. 이때 반 바퀴마다 전류의 방향을 기계적으로 바꿔주면 한 쪽 방향으로 계속 회전하게 될 것이다.

이것은 전동기 회전운동의 원리가 되고 오늘날 이 전동기가 쓰이지 않는 기계가 없을 정도로 모든 산업에 응용되고 있다. 발전기는 그 반대의 경우로 전류도선을 역학적으로 회전시킬 때 전류가 발생하는 현상을 응용한 것이다.

3. 실험기구 및 장치

(1) 베이스 및 지지막대

(2) 전류천칭 세트(도선 지지대, 도선기관 6종, 자석 2종, 요크)

(3) 리드선 3개

(4) 전원장치

(5) 멀티테스터

(6) 전자저울

4. 실험방법

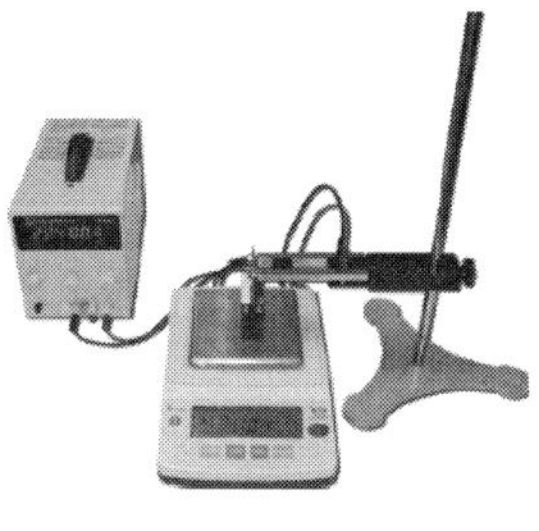

그림 20-3 실험장치 설치 예시

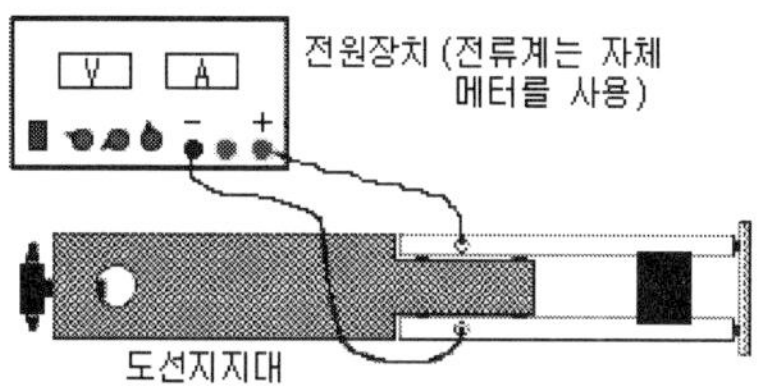

그림 20-4 실험장치 연결 예시

● 직선 도선의 길이 측정

(1) 위의 그림 20-3과 같이 전체 실험장치를 구성한다.

(2) 측정하고자 하는 전류도선의 길이를 기록하고 도선지지대에 끼우고 스탠드에 고정한다.

(3) Holder 안에 6개의 자석을 위에 붙게 끼워 넣는다.

(4) Holder를 저울에 올리고 전류도선을 Holder 사이의 홈에 오도록 조정한다. 이때, Holder와 도선이 닿지 않게 한다.

● 전류(I)를 변화시킬 때 (L=4cm)

(1) 전자저울을 켜고 자석을 저울위에 올려 놓는다. 전류도선을 자석의 간극 틈에 넣되 닿지 않도록 높이를 잘 조절하여 넣고 영점버튼(Tarebutton)을 누른다.

> 전자저울은 측량부분이 매우 민감하므로 충격이 가해지지 않도록 조심스럽게 다루어야 한다.

(2) 그림 20-4와 같이 리드선으로 도선지지대 단자에 전원장치를 연결한다. 전류도선이 받는 힘은 질량 값으로 구하고 $F=mg$에 의해 힘을 구한다.

(3) 전류의 변화에 따른 힘의 변화를 측정하기 위해 전류를 서서히 증가시켜가며 힘

을 측정하고 기록한다. 전류변화에 따른 자기력(F_B)의 변화 그래프를 그리자.

> 이 실험은 매우 낮은 전압(0.2V정도)에서 많은 전류를 사용하므로 전원장치의 전압(전류)조절 다이얼을 항상 왼쪽으로 모두 돌려 놓은 상태(0 V위치)에서 시작하고, 최대 5A이내에서 매우 조심스럽게 돌린다.

도선의 길이(L)을 변화시킬 때 ($I=2A$)

(1) 도선의 길이변화에 따른 힘을 측정하기 위해 도선의 길이를 자로 측정한다.
(2) 도선의 길이를 변화시켜가며 힘을 측정하고 기록한다.

자기장(B)를 변화시킬 때 ($I=$___A , $L=$___)

(1) 자석의 수를 늘려가며 측정한다.

> 도선을 교체할 때 도선지지대의 나사를 일일이 풀면 매우 번거롭고 자석 내에서 도선의 위치가 불규칙해질 수 있으므로 도선지지대의 커넥터만 들어올려서 도선을 교체할 수 있도록 한다.

자기력 측정 (전류천칭)　결과 Report

제출일 :　　　　년　　월　　일　　　　　　　　※ 반드시 기재

학 부	학부	학 번		담당교수명	
성 명		조		수강시간	요일　교시

❖ 실험결과

1) 직선 도선의 길이 측정

도선번호	37	38	39	40	41	42
길이(cm)						

2) 전류(I)를 변화시킬 때 (L=4cm)

번호	전류(A)	질량(g)	힘(dyne)
1			
2			
3			
4			
5			
6			
7			
8			
9			
10			

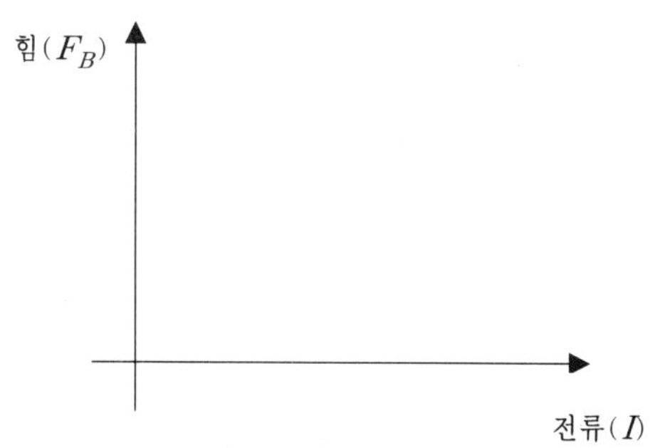

3) 도선의 길이(L)을 변화시킬 때 ($I=2A$)

번호	도선의길이 L(cm)	질량(g)	힘(dyne)
37			
38			
39			
40			
41			
42			

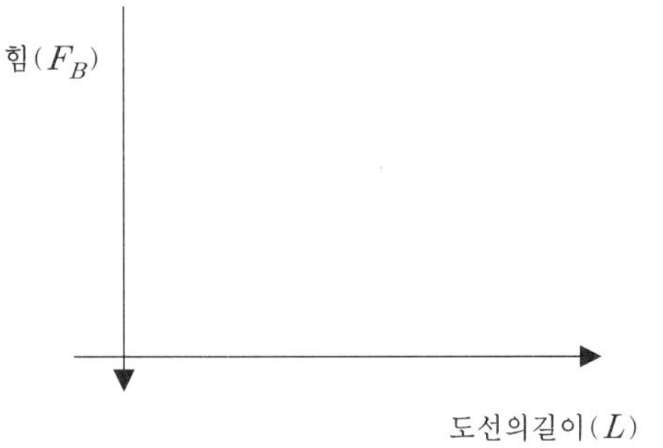

4) 자기장(B)를 변화시킬 때 ($I=$ A , $L=$)

자석수(개)	질량(g)	힘(dyne)
1		
2		
3		
4		
5		
6		

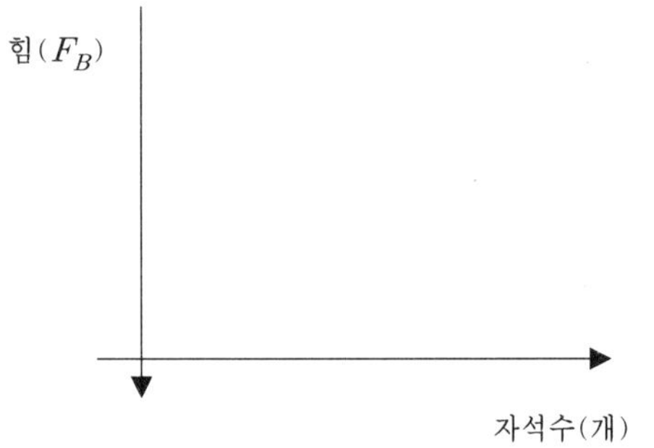

❖ 토의사항 및 참고서적

실험 21

굴절의 법칙 실험

1. 실험목적

일상에서도 흔히 관찰할 수 있듯이 빛이 어떤 반사면을 만나면 방향이 갑작스럽게 변한다. 예를 들어 공기 중에서 진행하던 빛이 유리 속으로 들어갈 때와 같이 서로 다른 두 매질의 경계면을 가로지를 때 빛의 방향이 갑작스럽게 변하는 것을 알 수 있다. 이러한 방향의 변화를 빛의 굴절(refraction)이라고 부른다. 모든 매질은 굴절률(index of refraction)이라는 고유한 값을 가지는데, 빛이 굴절하는 각도는 매질의 굴절률과 밀접한 관계를 가진다. 이 실험에서는 이 관계식을 정량적으로 알아보고자 한다.

2. 실험원리

굴절률이 n_1인 매질에서 굴절률이 n_2인 매질로 빛이 들어가는 상황을 생각해보자.

입사각(incident angle)과 굴절각(refracted angle)을 각각 θ_1, θ_2라고 하면(이 두 각도는 모두 경계면에 수직인 법선으로부터 측정된 각도임), 이들 사이에는 다음과 같은 관계식이 성립한다.

$$n_1 \sin\theta_1 = n_2 \sin\theta_2$$

이것을 굴절의 법칙(Law of Refraction) 또는 스넬의 법칙(Snell's Law)이라고 부른다.

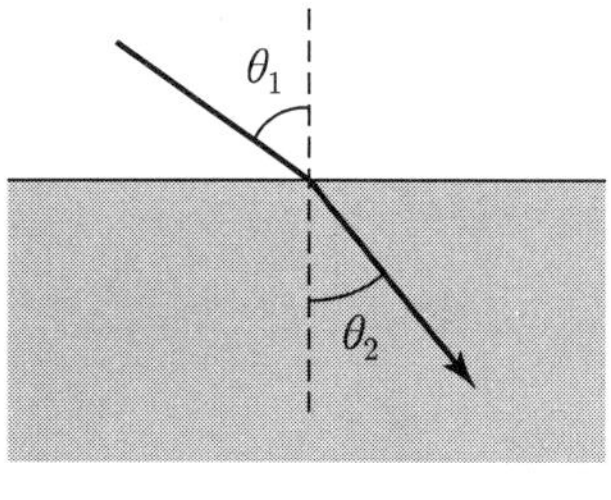

3. 실험기구 및 장치

(1) 광학 벤치(Optics Bench)

(2) 광원(Light Source)

(3) 광선 테이블 및 받침대(Ray Table and Base)

(4) 부품 홀더(Component Holder)

(5) 슬릿판(Slit Plate)

(6) 슬릿 마스크(Slit Mask)

(7) 원통형 렌즈(Cylindrical Lens)

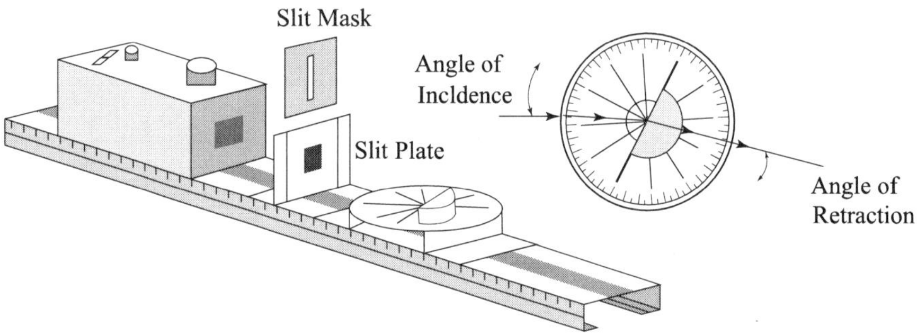

그림 21-1 장비 설치

4. 실험방법

(1) 그림 21-1과 같이 장비를 설치한다. 광선 한 가닥이 정확히 광선 테이블 눈금의 정중앙을 지나도록 슬릿 마스크 등 구성요소들을 조절해준다.

(2) 원통형 렌즈의 평평한 면이 "Component"라고 적혀있는 선에 나란히 일치하도록 놓아준다. 그리고 방사형으로 나 있는 눈금선이 렌즈의 둥근 면(원형 표면)에 수직이 되는지 확인한다.

(3) 렌즈의 정렬상태를 흐트러뜨리지 않으면서 광선 테이블을 회전시켜서 입사각을 10°로 맞춰주고, 이때의 굴절각을 측정하여 표의 〈굴절각 1〉 부분에 기록한다. 이때 렌즈의 평평한 면으로 광선이 들어오면서 굴절되는 각도를 측정하는 것이다.

(4) 이번에는 법선(굴절면에 수직한 선)을 기준으로 반대방향으로 광선이 입사하도록 광선 테이블을 회전 시켜서 입사각 10°로 맞춘 다음, 굴절각을 측정하여 표의 〈굴절각 2〉 부분에 기록한다.

제출일 : 년 월 일 ※ 반드시 기재

학 부	학부	학 번		담당교수명	
성 명		조		수강시간	요일 교시

❖ 실험결과

입사각 (θ_1)	굴절각 1 (θ_2)	굴절각 2 (θ_2)

❖ 토의사항 및 참고서적

실험 22

이중 슬릿에 의한 간섭 실험

1. 실험목적

이 실험에서는 빛의 파동적 성질을 보여주는 대표적인 현상인 이중 슬릿에 의한 간섭 현상을 관찰하고, 파장을 측정해 본다. 또한 색깔에 따라 파장이 어떻게 변하는지 알아 본다.

2. 실험원리

빛이란 무엇인가? 이 질문에 답하는 것이 쉬운 일은 아니다. 그러나 어떤 상황에서는 빛이 파동과 같은 성질을 보여준다.

하나의 광원으로부터 나온 빛이 동일한 거리에 있는 두 개의 슬릿으로 진입하면 호이겐스의 원리에 따라 각각의 슬릿은 새로운 광원의 역할을 하게 된다. 본래 광원으로부터 같은 거리에 있기 때문에 위상 또한 서로 같다. 이 두 개의 새로운 광원으로부터 나온 빛이 스크린(이 실험에서는 우리 눈의 각막)에 비칠 때 파동의 대표적인 특징인 간섭무늬(diffraction pattern)를 형성하게 된다.

3. 실험기구 및 장치

(1) 광학 벤치(Optics Bench)
(2) 광원(Light Source)
(3) 회절판(Diffraction Plate)
(4) 회절 눈금자(Diffraction Scale)
(5) 광선 테이블 받침대(Ray TableBase)
(6) 슬릿 마스크(Slit Mask)

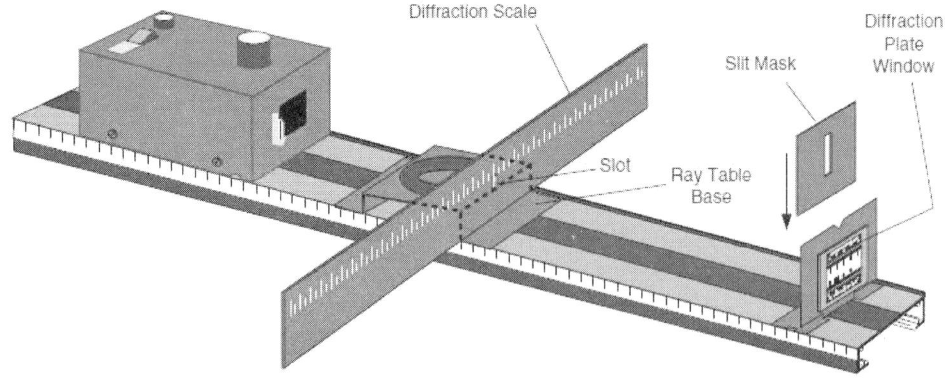

그림 22-1 장비 설치

4. 실험방법

(1) 그림 22-1과 같이 장비를 설치한다. 슬릿 마스크는 홀더의 정중앙에 위치해야 한다. 슬릿 마스크를 통해서 광원 쪽을 보았을 때, Diffraction Scale 중앙에 있는 구멍을 통해서 광원이 보이도록 회절자의 위치를 역시 정중앙으로 맞춰야 한다.

(2) 홀더의 반대편에는 회절판 윈도우를 그림과 같이 설치한다. 슬릿 마스크를 통과한 빛이 회절판 윈도우의 패턴 D를 비추도록 그리고 슬릿이 지면과 수직방향이 되도록 설치해준다.

(3) 슬릿을 통해 빛을 관찰해보자. 눈을 가운데로 모아서 회절판 윈도우의 패턴 D를 통해 광원이 보이면, 분명 간섭 패턴이 나타나는 것과 회절자 위에 빛나는 눈금을 볼 수 있을 것이다.

이 실험에서 여러분은 좁은 슬릿을 통해 광원을 직접 보기 때문에 회절 패턴이 형성되는 위치는 다름 아닌 바로 여러분의 눈 속의 각막이다. 따라서 이 회절 패턴은 빛나는 회절자 위에 겹쳐진 이미지로 나타나게 된다. 이는 보통 교과서에서 나오는 구조 즉, 외부스크린에 비춰진 회절 패턴에 비하면 다소 복잡한 기하학적 구조라고 할 수 있다. (물론 레이저와 같은 매우 강한 광원을 사용할 수만 있다면 회절 패턴의 날카로운 이미지를 스크린 상에 투영해볼 수도 있을 것이다.)

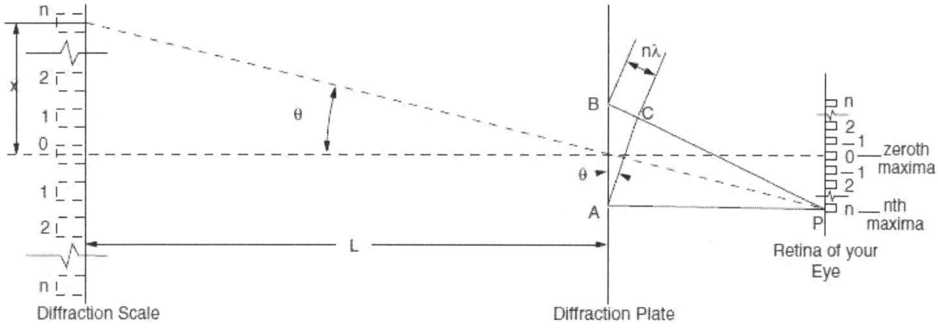

그림 22-2 이중 슬릿 간섭의 기하학적 구조

이 실험의 기하학적 구조는 그림 22-2에 잘 나타나있다. 0번째 극대점에서는 두 슬릿 즉, A와 B로부터의 거리가 같기 때문에 위상이 같고 따라서 각막 위에는 보강간섭이 일어난다. 관찰자가 보기에 왼쪽 첫 번째 극대점의 경우, 슬릿 B로부터 온 광선은 슬릿 A로부터 온 광선에 비해 한 파장만큼 더 진행했기 때문에 여전히 같은 위상이고 보강간섭이 일어난다.

n번째 극대점의 경우, 슬릿 B로부터 거리와 슬릿 A로부터의 거리차가 $n\lambda$이다. 그림을 보면 선분 $\overline{AC}$가 PB와 수직인 것으로 보이는데, 실제로 슬릿의 간격 $\overline{AB}$는 매우 작기 때문에 $\overline{AP}$와 $\overline{BP}$는 거의 평행하다고 봐도 무방하다. 따라서 $\overline{AP} = \overline{CP}$라고 할 수 있고, $\overline{PB}$와 $\overline{PA}$의 경로차인 $\overline{BC} = n\lambda$라는 관계식이 성립한다.

삼각형 ACB를 보자. $\overline{BC} = \overline{AB}\sin\theta$이므로 최종적으로 다음 관계식을 얻는다.

$$n\lambda = \overline{AB}\sin\theta \qquad (1)$$

물론 슬릿의 간격 $\overline{AB}$는 주어진 값이다. 따라서 특정한 n 값에 대한 θ만 측정할 수 있다면 식 (1)로부터 빛의 파장을 알아낼 수 있는 것이다.

θ는 어떻게 알아낼 수 있을까? 그림 22-2의 점선은 본래 각막에 맺힌 간섭 패턴을 회절자 쪽으로 투영시킨 것을 나타내고 있다.(슬릿을 통해 관찰할 때 실제로 이렇게 보이는 것) 삼각형의 닮음 관계를 생각해보면 다음 식이 성립함을 알 수 있다.

$$\tan\theta = \frac{\overline{BC}}{\overline{AC}} = \frac{x}{L} \qquad (2)$$

따라서 $\theta = \tan^{-1}\left(\frac{x}{L}\right)$이고, 이를 식 (1)에 대입하면 파장에 관한 다음 식을 얻을 수 있다.

$$\lambda = \frac{\overline{AB}}{n}\sin\left(\tan^{-1}\left(\frac{x}{L}\right)\right) \tag{3}$$

(4) 광원 앞에 빨강색, 초록색, 파랑색 필터를 차례대로 놓아가면서 위의 절차를 반복하여 실험한다. 회절판에 있는 다른 모양의 슬릿(이를테면 패턴 E와 F)을 가지고 동일한 실험을 반복해도 좋다. 위에서 측정한 파장에 대한 이중 검증의 의미도 있고, 슬릿의 모양(간격, 폭 등)에 따른 회절 패턴의 차이도 발견할 수 있을 것이다.

Pattern	No. Slits	Slit Width(mm)	Slit Spacing center-to-ceter(mm)
A	1	0.04	
B	1	0.08	
C	1	0.16	
D	2	0.04	0.125
E	2	0.04	0.250
F	2	0.08	0.250
G	10	0.06	0.250
H	2(crossed)	0.04	
I	225 Random Circular Apertures (0.06 mm dia)		
J	15×15 Array of Circular Apertures (0.06 mm dia)		

이중 슬릿에 의한 간섭 실험

결과 Report

제출일 :　　　　년　　월　　일　　　　　　　　　　　　※ 반드시 기재

학 부	학부	학 번		담당교수명	
성 명		조		수강시간	요일　교시

❖ 실험결과

실험 데이터					계산
색	n	$\overline{AB}$	x	L	$\lambda = \frac{\overline{AB}}{n}\sin\left(\tan^{-1}\left(\frac{x}{L}\right)\right)$
빨강					
초록					
파랑					

❖ 토의사항 및 참고서적

부 록

1. 물리학의 단위 및 공식

정 의	기 호	MKS단위	CGS단위	공 식
길 이	s	m	cm	
질 량	m	kg	g	
시 간	t	s	s	
속 도	v	m/s	cm/s	$v = \frac{s}{t}$
가 속 도	a	m/s^2	cm/s^2	$a = \frac{v - v_0}{t} = \frac{\Delta v}{\Delta t}$
힘	F	kg×m/s^2 = N	g×cm/s^2 = dyne	$F = ma$
진 동 수	f	s^{-1} = Hz	Hz	$f = \frac{1}{T}$
각 속 도	ω	rad/s	rad/s	$\omega = \frac{\Delta\theta}{\Delta t} = 2\pi f$
선 속 도	v	m/s	cm/s	$v = \frac{\Delta s}{\Delta t} = r\omega$
구심가속도	a	m/s^2	cm/s^2	$a = \frac{\Delta v}{\Delta t} = v\omega = r\omega^2 = \frac{v^2}{r}$
만유 인력	F	N	dyne	$F = G\frac{m_1 m_2}{r^2}$
운 동 량	p	kg×m/s	g×cm/s	$p = mv$
충 격 량	$F\Delta t$	N×s = kg×m/s	dyne×s = g×cm/s	$F\Delta t = \Delta p$
일	W	N×m = J	dyne×m = erg	$W = F \circ s$
위치 에너지	E_p	J	erg	$E_p = mgh$
운동 에너지	E_k	J	erg	$E_k = \frac{1}{2}mv^2$
위치 에너지	E_p	J	erg	$E_p = \frac{1}{2}kx^2$

정 의	기 호	MKS단위	CGS단위	공 식
일 률	P	J/s = W	erg/s	$P = \frac{W}{t} = Fv$
열 량	Q	kcal	cal	$Q = cm\Delta T$
압 력	P	N/m^2 = Pa	$dyne/cm^2$	$P = \frac{F}{A}$
부 피	V	m^3	cm^3	
전 하	q	C		
힘	F	N	dyne	$F = k\frac{q_1 q_2}{r^2}$
전기장세기	E	N/C = V/m		$E = \frac{F}{q} = \frac{V}{d}$
전 압	V	V		$V = \frac{W}{q}$
전기용량	C	F = C/V		$C = \frac{Q}{V}$
전 류	i	C/s = A		$i = \frac{q}{t} = \frac{V}{R}$
저 항	R	Ω		
전 력	P	W		$P = \frac{W}{t} = Vi = i^2R = \frac{V^2}{R}$
전 력 량	W	J	erg	$W = Pt = Vit$
자 속	Φ	Wb		
자속 밀도	B	Wb/m^2 = T = N/A×m		$B = \frac{\Phi}{A}$
힘(왼손)	F	N	dyne	$F = Bli\sin\theta$
힘(왼손)	F	N	dyne	$F = Bqv\sin\theta$
유도기전력	V	V		$V = -N\frac{\Delta\Phi}{\Delta t}$
유도기전력	V	V		$V = -L\frac{\Delta I}{\Delta t}$
자체유도계수	L	H		
유도리액턴스	Φ	Wb		$\Phi = Li$

정 의	기 호	MKS단위	CGS단위	공 식
유도리액턴스	X_L	Ω		$X_L = \omega L = 2\pi f L$
용량리액턴스	X_C	Ω		$X_C = \frac{1}{\omega C} = \frac{1}{2\pi f C}$
속 도	V	m/s	cm/s	$v = f\lambda$
에 너 지	E	J	erg	$E = hf = pc = \Delta mc^2$
운동에너지	E_K	J	erg	$E_K = E - W$
파 장	λ	m	cm	

2. 등가속도운동의 공식

$$v = v_0 + at$$

$$s = v_0 t + \frac{1}{2}at^2$$

$$v^2 - v_0^2 = 2as$$

3. 이상기체 상태방정식

$$PV = nRT$$

$$E_K = \frac{3}{2}RT = \frac{1}{2}mv^2$$

4. 물리 상수

수식 다음의 괄호 속에 있는 숫자들은 값들의 마지막 자리수의 수치에 대한 표준편차를 나타낸다.

상 수	기　　호	값(오차 범위 포함)
진공 중의 빛의 속도	c	$2.99792458(1)\times10^{8}\mathrm{ms}^{-1}$
진공의 유전율	$\varepsilon_0=\mu_0^{-1}c^{-2}$	$8.85418782(5)\times10^{-12}\mathrm{C}^2\mathrm{N}^{-1}\mathrm{m}^{-2}$
진공의 투과도	μ_0	$4\pi\times10^{-}7\mathrm{Js}^2\mathrm{C}^{-2}\mathrm{m}^{-1}$
기본전하	e	$1.6021892(46)\times10^{-19}\mathrm{C}$
Planck 상수	h	$6.626176(36)\times10^{-34}\mathrm{Js}$
Avogadro 상수	N_A	$6.022045(31)\times10^{23}\mathrm{mol}^{-1}$
전자질량단위	$u=10^{-31}\mathrm{kgmol}^{-1}/N_A$	$1.6605655(86)\times10^{-27}\mathrm{kg}$
전자의 정지질량	m_s	$9.109534(47)\times10^{-31}\mathrm{kg}$
양성자의 정지질량	m_p	$1.6726485(86)\times10^{-27}\mathrm{kg}$
중성자의 정지질량	m_n	$1.6749543(86)\times10^{-27}\mathrm{kg}$
Faraday 상수	$F=N_Ae$	$9.648456(27)\times10^{4}\mathrm{Cmol}^{-1}$
Rydberg 상수	$R_\infty=m_ee^4/8h^3c\varepsilon_0$	$1.097373177(83)\times10^{7}\mathrm{m}^{-1}$
Hartree 에너지	$E_h=e^2/4\pi\varepsilon_0\alpha_0$	$4.359814(24)\times10^{-18}\mathrm{J}$
Bohr 반지름	$a_0=4\pi\varepsilon_0h^2/m_ee^2$	$5.2917706(44)\times10^{-11}\mathrm{m}$
Bohr 마그네톤	$\mu_B=eh/2m_e$	$9.274078(36)\times10^{-24}\mathrm{JT}^{-1}$
핵 마그네톤	$\mu_N=eh/2m_p$	$5.050824(20)\times10^{-27}\mathrm{JT}^{-1}$
기체상수	R	$8.31441(26)\mathrm{JK}^{-1}\mathrm{mol}^{-1}$
		$1.987192\mathrm{calK}^{-1}\mathrm{mol}^{-1}$
		$0.0831441\mathrm{LbarK}^{-1}\mathrm{mol}^{-1}$
		$0.0820569\mathrm{LatmK}^{-1}\mathrm{mol}^{-1}$
Boltzmann 상수	$k=R/N_A$	$1.380662(44)\times10^{-23}\mathrm{JK}^{-1}$
중력가속도 상수	g	$9.78049\mathrm{m/s}^2$

5. 유효숫자와 표준오차

실험에 있어서 어떤 대상을 측정한다는 것은 기준대상(자, 테스터기, 각도기 등)이 있어야 하고 그 기준대상에 의하여 숫자로 표기한다. 숫자로 표기한 것은 측정한 데이터 값이므로 근사적으로 나타낼 수밖에 없으므로 일반적으로 무효한 수까지 표기할 필요는 없다. 어떤 실험에서 측정값이 5.6과 0.2343이라면 이들의 합은

$$5.6+0.2343=5.8343$$

이다. 그러나 정확한 수를 표기함에 있어서 숫자 0.2343은 $\frac{1}{10000}$까지 정확하지만 숫자 5.6은 정확도가 $\frac{1}{10}$이 된다. 그러므로 이 연산에서 정확한 수는 반올림하여 5.8로 표기된다. 이 숫자가 유효숫자가 된다. 그리고 곱셈에 있어서는

$$5.6\times 0.2343=1.31208$$

이다. 그러나 숫자 5.6은 유효숫자가 두 자리이므로 0.2343에서 세 자리만 택하고 이를 곱하면

$$5.6\times 0.234=1.31208$$

이다. 여기서 두 자리가 되도록 반올림한다. 결과적으로 이 연산값은 1.3이 된다.

어떤 대상을 측정하는 데 있어서 그 측정값은 측정할 때마다 다른 데이터를 얻는다. 그리고 이 측정값은 어떤 분포를 형성하며, 이 측정값들은 수차와 분포도 필요하다.

일반적으로 표기하는 평균값은 측정값들의 산술평균이다. 측정값들이 x_1, x_2, x_3, ……, x_N이라 하여 모두 N개의 자료를 얻었으면 평균값 $\bar{x}$은

$$\bar{x}=\frac{1}{N}\sum_{i=1}^{N}x_i$$

이다. 또 측정한 데이터들이 분포된 정도를 기술하면

$$\sigma^2=\frac{1}{N-1}\sum_{i=1}^{N}(x_i-\bar{x})^2$$

이다. 여기서 σ^2은 분산(variance)이고 $x_i-\bar{x}$ 은 편차이다

1회에 N번 측정하여 얻어지는 측정값들에 대한 평균값과 표준편차는 다르므로 평균

값 $\bar{x}$의 표준편차 σ_m는

$$\sigma_m = \frac{\sigma}{\sqrt{N}} = \left\{ \frac{1}{N(N-1)} \sum_{i=1}^{N} (x_1 - \bar{x})^2 \right\}^{\frac{1}{2}}$$

이다. 결과적으로 이 측정값을 표기하면

$$x = \bar{x} \pm \sigma_m$$

이다.

일반물리학실험

인쇄 | 2024년 3월 2일
발행 | 2024년 3월 5일

지은이 | 강릉원주대학교 물리학과
펴낸이 | 조 승 식
펴낸곳 | (주)도서출판 **북스힐**

등 록 | 1998년 7월 28일 제 22-457호
주 소 | 서울시 강북구 한천로 153길 17
전 화 | (02) 994-0071
팩 스 | (02) 994-0073

홈페이지 | www.bookshill.com
이메일 | bookshill@bookshill.com

정가 8,000원

ISBN 978-89-5526-386-2

Published by bookshill, Inc. Printed in Korea.
Copyright ⓒ bookshill, Inc. All rights reserved.
* 저작권법에 의해 보호를 받는 저작물이므로 무단 복제 및 무단 전재를 금합니다.
* 잘못된 책은 구입하신 서점에서 교환해 드립니다.